里程碑
文库
THE
LANDMARK
LIBRARY

人类文明的高光时刻
跨越时空的探索之旅

光之城

CITY OF LIGHT
THE REINVENTION OF PARIS
BY RUPERT CHRISTIANSEN

巴黎重建 与现代大都会的诞生

[英] 鲁伯特·克里斯琴 ▾ 著
黄华青 ▾ 译

北京燕山出版社
BEIJING YANSHAN PRESS

加尼叶歌剧院大厅如今的景象。

光之城：
巴黎重建与现代大都会的诞生

[英] 鲁伯特·克里斯琴 著
黄华青 译

图书在版编目（CIP）数据

光之城：巴黎重建与现代大都会的诞生 /（英）鲁伯特·克里斯琴著；黄华青译. -- 北京：北京燕山出版社，2020.5（2022.6重印）
（里程碑文库）
ISBN 978-7-5402-5611-1

Ⅰ.①光… Ⅱ.①鲁… ②黄… Ⅲ.①城市规划—城市史—巴黎 Ⅳ.① TU984.565

中国版本图书馆 CIP 数据核字（2020）第 016957 号

City of Light

by Rupert Christiansen

北京市版权局著作权合同登记号 图字：01-2019-7102 号

选题策划	联合天际	特约编辑	安 梁 宁书玉
版权统筹	李晓苏	版权运营	郝 佳
编辑统筹	李鹏程 边建强	营销统筹	绳 珺 邹德怀 钟建雄
视觉统筹	艾 藤	美术编辑	程 阁 刘彭新

责任编辑	郭 悦 李瑞芳
出　　版	北京燕山出版社有限公司
社　　址	北京市丰台区东铁匠营苇子坑 138 号嘉城商务中心 C 座
邮　　编	100079
电话传真	86-10-65240430（总编室）
发　　行	未读（天津）文化传媒有限公司
印　　刷	天津联城印刷有限公司
开　　本	889 毫米 ×1194 毫米 1/32
字　　数	130 千字
印　　张	6.5 印张
版　　次	2020 年 5 月第 1 版
印　　次	2022 年 6 月第 3 次印刷
I S B N	978-7-5402-5611-1
定　　价	58.00 元

关注未读好书

未读 CLUB
会员服务平台

本书若有质量问题，请与本公司图书销售中心联系调换
电话：（010）5243 5752

献给克洛迪娜、妮可、达妮埃尔，

以及其他那些出现在我童年时期的可爱姑娘，

是她们激发了我对光之城的浪漫热情。

目录

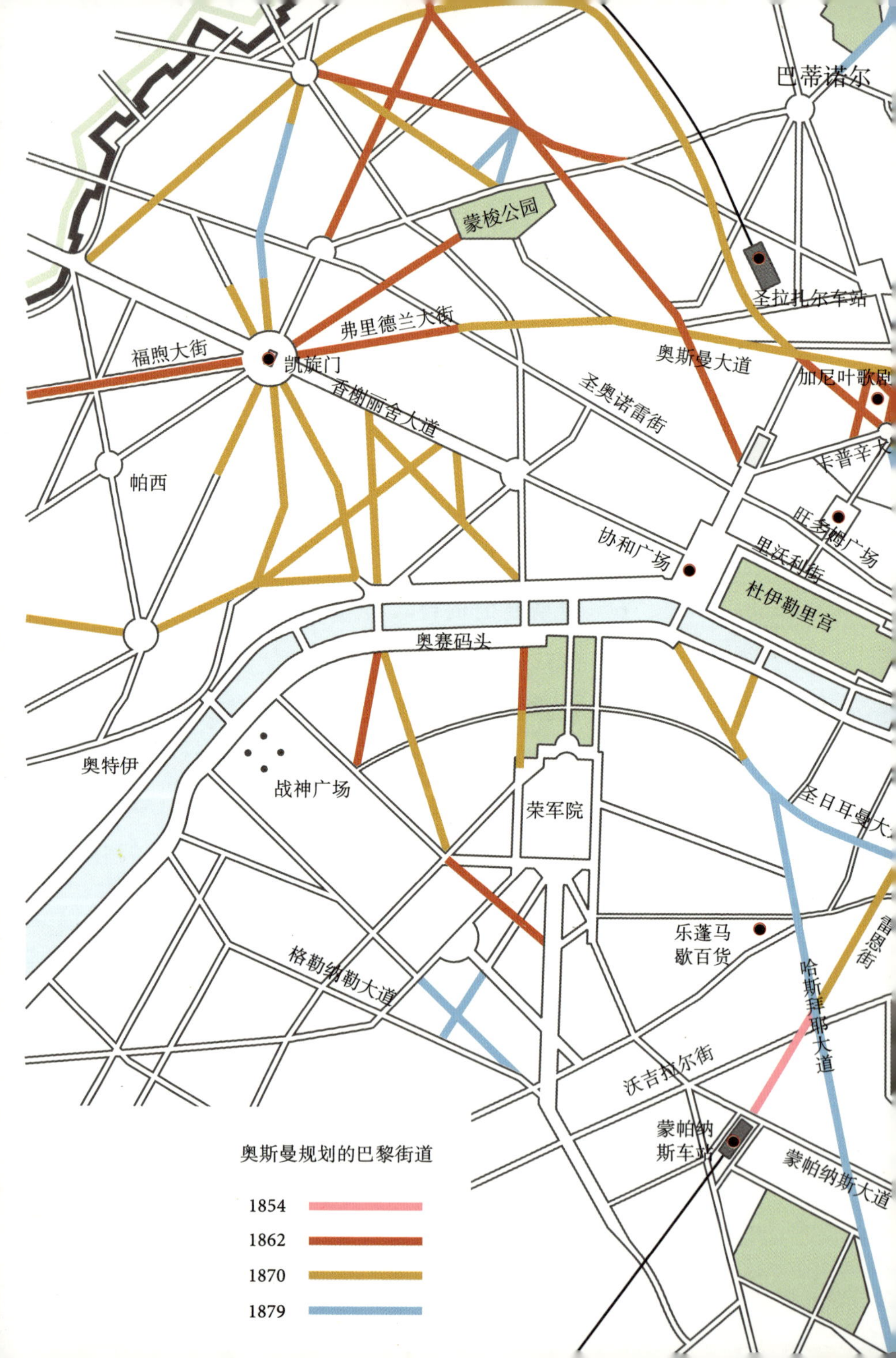
巴蒂诺尔
蒙梭公园
圣拉扎尔车站
弗里德兰大街
福煦大街
凯旋门
香榭丽舍大道
奥斯曼大道
加尼叶歌剧
圣奥诺雷街
卡普辛大
帕西
旺多姆广场
协和广场
里沃利街
杜伊勒里宫
奥赛码头
奥特伊
战神广场
荣军院
圣日耳曼大
乐蓬马
歇百货
雷恩街
哈斯拜耶大道
格勒纳勒大道
沃吉拉尔街
蒙帕纳
斯车站
蒙帕纳斯大道
奥斯曼规划的巴黎街道
1854
1862
1870
1879

圣心堂
蒙马特
巴黎北站
肖蒙山丘公园
贝尔维尔
巴黎东站
拉斐特街
斯特拉斯堡大道
马真塔大道
普申尼尔大道
英国佬
咖啡厅
圣殿市郊街
列奥米尔街
圣马丁大道
城堡广场
国家图书馆
图尔比戈街
塞瓦斯托波尔大道
梅尼蒙当
共和国大街
皇家宫殿
圣马丁街
圣殿街
伏尔泰大道
拉雪兹神
父公墓
雷阿尔区
旧庙街
伏尔泰广场
夏特雷剧院
里沃利街
巴黎市政厅
圣安托万街
巴黎圣母院
巴士底广场
巴黎大平间
圣安托万市郊大道
圣米歇尔大道
马扎斯大道
万神殿
里昂火车站
巴黎植物园
多梅尼尔大街
奥尔良火车站
蒙帕纳斯

* * * * * *

序言

“为身为法国人而自豪！”

1875年1月5日的这个冬夜，巴黎将绽放出使她赢得了“光之城”美誉的所有光芒。这一夜是独一无二的。在盛放出的光芒中，最炫目的那道来自一座新歌剧院的落成典礼。这座宏伟壮丽的歌剧院由建筑师查尔斯·加尼叶设计，那恣意昂扬的奢华恢宏，至今仍会带给人们惊愕与愉悦。这场落成典礼吸引了好奇的市民，他们成群结队地涌上街头，巴望着政府长官、皇室成员、受人尊敬的贵族和装束笔挺的政要列着队挨个游行般地穿过歌剧院大门。伦敦市长的到来尤其引起了一阵骚动——他身上穿着华丽的老式官袍，从一辆如梦如幻的四轮镀金马车上走了下来。*

这座建筑的工期已持续近15年，耗费巨资，在材料及装饰上的花费皆不惜代价。然而此时没人在意高昂的账单（和不少建筑项目一样，这项工程的实际开销超出预算数百万法郎）：一周前，加尼叶正式将总计1942把钥匙交给歌剧院的管理方；如今，歌者和舞者们正准备用一台包括歌剧片段与幕间芭蕾的漫长演出来庆贺它的正式启用。对于巴黎这样一座痴迷于刺激、丑闻和头条新闻的城市而言，新奇就是一切。正如《泰晤士报》所报道的，巴黎歌剧院的开幕是“仅有的、唯一的能吸引公众兴趣和注意力的话题”。[1]

那一晚的演出却显得虎头蛇尾、冗长拖沓，毫无音乐或美学

---

* 《迪克·惠廷顿》（*Dick Whittington*）是一部很受欢迎的法国哑剧，法国人对伦敦市长的想象，全都来自剧中的这个角色（其原型是理查德·惠廷顿，曾四度担任伦敦市长）；不过，参加典礼的大卫·H. 斯通市长其实平淡无奇，只是个曾经担任过高级市政官的矮胖中年人。

一位艺术家所绘的1875年1月5日查尔斯·加尼叶歌剧院开幕之夜门厅前的盛况。

GRAND HOTEL
LA PAIX

亮点可言。加上工作人员对开幕演出感到紧张，以及磨合期还存在诸多问题，所以舞台布景摆放得有些不协调，舞台监督也有点儿业余。首席女歌手克里斯汀·尼尔森在最后一刻以“身体抱恙”为由临阵退缩——就连这借口也是“首席女歌手”们惯用的。“估计就连街角的杂货铺都能组织一场更吸引人的艺术庆典。”[2]愤怒的评论家莱昂·埃斯库迪尔如此嘲讽道。典礼的礼宾安排也出了问题：受邀宾客的名单如此之长，以至于加尼叶本人，这位将过去十余年都狂热地奉献给这个世界奇迹的天才建筑师，竟然被分配到了礼堂二层观众席一侧的包厢里。不过，他倒没有理会如此惊人的怠慢之举，而是以高人一等的姿态，选择留在办公室里继续工作。

这是公众第一次得见这座让加尼叶的创作才华尽情施展的歌剧院大厅：镶金贴银、挂满镜面的休息廊，闪闪发光的大烛台，铺满大理石的柱廊，以马赛克和壁画装饰的穹顶，古典主义风格的雕塑，还有燃烧着的绝美地灯，这一切的尊贵华美，都在竭尽所能地衬托着那座超凡绝伦的中央大楼梯，让上上下下的观众变成了一个螺旋形的壮观场景，这比在舞台上演出的任何沉闷歌剧或滑稽芭蕾舞都更吸引人。巴黎人的爱国情怀被激发到了顶点，连以针砭时弊著称的周刊《哨子》（*Le Sifflet*）都响应道：“当看到我们的歌剧院，应该为自己身为法国人而自豪！到此参观的外国人见到这座伟大的奇迹便会明白，无论我们遭遇怎样的不幸，巴黎依然是、永远是无可匹敌的。”[3]

上页图

由巴黎歌剧院大街望向加尼叶歌剧院，摄于1880年。

可见，这座歌剧院的终极意义并不在于艺术，甚至不在于其建筑本身。它是一个意识形态象征，代表着法国近代史，还有这个国家伤痕累累的民族自豪感。它是一尊为成就与灾难而建的充满矛盾的纪念碑——初衷是一样，结果则是另一样。

巴黎歌剧院项目是一项史无前例的宏大工程，它是巴黎中心城区大改造计划的核心要素，由1852—1870年统治法国的独裁者路易·拿破仑（拿破仑三世）提出，执行者是他的左膀右臂，当时的行政长官，一位高效敬业、无所畏惧的男人——奥斯曼男爵。这座歌剧院将是一系列新街道、新住宅、新公共建筑及纪念碑、新公园、新下水道设施以及新城市边界的交会点，可被誉为城市规划史上最伟大的实验之一。

遗憾的是，1870年，法国愚蠢地对普鲁士宣战，并意外地被全面击溃。拿破仑三世政权，即法兰西第二帝国由此倒台，巴黎也陷入了一段漫长的围城战。在那之后，巴黎工人发动起义，成立了巴黎公社，但这个无产阶级政权存在的时间很短，法兰西第三共和政府残酷地屠杀了两万名法国公民，将其迅速镇压下去。

此时，奥斯曼男爵已经丢掉了工作，成为他本人践行的霸权统治的牺牲品。尽管他留给这座首都的总体规划中的大部分在一段时间内仍将得到实现，但加尼叶这座歌剧院的命运却悬而未决，战败的法国不得不向普鲁士支付巨额赔款，国库因此空虚。在此般情形下，很多人认为将稀缺的公共资源用于完成这座奢侈浮夸的享乐主义宫殿实在是错上加错。更何况，它总令人不适地联想

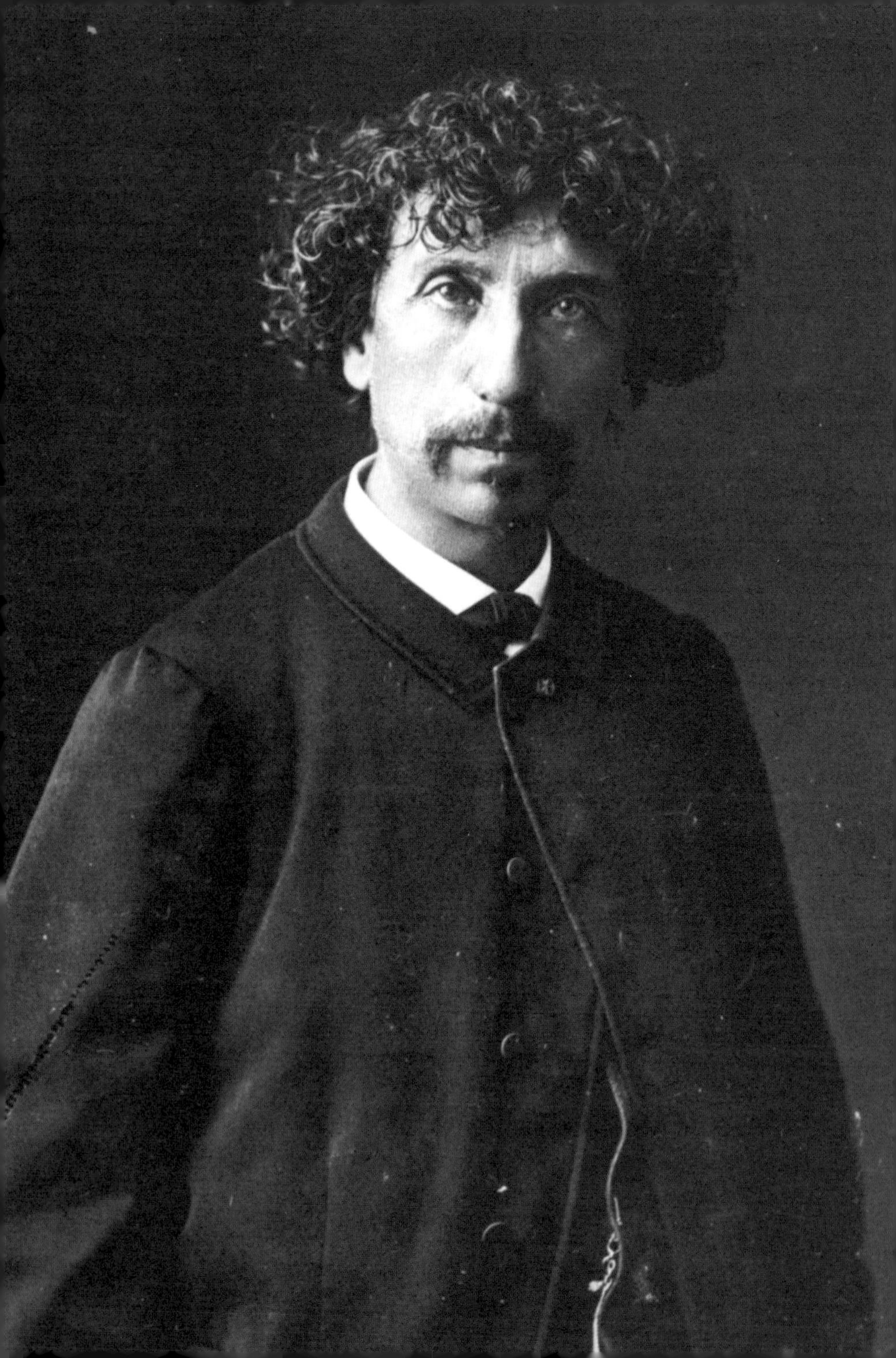

到第二帝国时期臭名昭著的享乐主义和轻浮之风。

但是，到了1870年，歌剧院近四分之三的工程已然完工，剩余部分也基本交付了委托或预付了工程款，要取消或者大幅修改加尼叶的设计方案都为时过晚。而且，位于鲁贝尔提耶街上的老歌剧院在1873年的一场大火中化为灰烬，这无疑为加尼叶歌剧院的保留起到了决定性的作用。因此，加尼叶在接受了一项为政府挽回颜面的预算削减计划，并对设计做出几处政治意义层面的微小修改（包括在建筑主立面上移除帝国徽章）之后，这座歌剧院便准备好开门迎客了。加尼叶歌剧院很快就证明了它的价值，不仅在国际范围内广受盛赞，被誉为奇迹，甚至至今依然是一座功能齐备的歌剧及芭蕾演出场地，同时也成了一处颇受欢迎的旅游景点。

那些对歌剧院嗤之以鼻的人，还可从另一座建筑那里寻得慰藉，那就是由巴黎市民捐款兴建，坐落于蒙马特高地上的雪白纪念物——圣心堂。它位于城市的最高点，注视着这片刚刚被流血暴乱肆虐过的土地。尽管圣心堂的奠基石直到1919年才正式被祝圣，但它是在巴黎歌剧院开幕短短几个月后就埋下的。建造这座教堂的原因大概只有一个：它严格遵循罗马-拜占庭风格基调，是对普法战争以及镇压巴黎公社运动的公开赎罪，也含蓄地谴责了第二帝国的其他罪行与谬误。这是一座遵循传统天主教信仰教条的圣殿，它将被献给正统的祈祷、清醒的反思和灵魂的救赎。[4]

查尔斯·加尼叶，巴黎歌剧院的建筑师。

教堂和歌剧院，一边是神圣的，一边是世俗的。这两座具有奇怪的返古倾向的建筑迥然站在道德教条的两端，折射出这座城市在过去的四分之一个世纪中经历的物质与政治上的变革，而且其激烈程度在巴黎历史上前所未有。那么，这场分裂是如何爆发的？讲述巴黎故事的篇章又该从何处说起呢？

上页图
在建中的圣心堂。

* * * * * *

路易·拿破仑与第二帝国

史密斯先生越过了海峡

自1789年攻占巴士底狱以来，法国持续经历政治动荡：各种宪制、王朝和意识形态为了权力你争我夺，君主政体和共和政体接连更替，而暴力总是紧伴左右，将法国笼罩在与欧洲其他国家之间捉摸不定的战争迷局之中。1789—1794年的大革命从波旁王朝路易十六时期对宪制改革的温和需求，发展至吉伦特派傲慢的共和主义，再到雅各宾派激进的独裁统治与残忍的民粹主义，愈演愈烈，汇集成一股骇人的势头。继任的督政府态度和缓，更不稳定，它的软弱给了拿破仑·波拿巴成功抢占权力顶峰，于1804年自立为帝的机会。这一切都发生在短短的15年间。

后来发生的事情更加混乱不堪。拿破仑的领土范围随着战争的胜败不断更迭，国土边界最远时一度延伸至莫斯科。随着拿破仑垮台，波旁王朝复辟，路易十六的兄弟路易十八（1814—1824年在位）与查理十世（1824—1830年在位）建立了一个高压、保守的天主教政权，导致1830年革命再次在巴黎爆发。

那场革命之后，一个相对自由的君主立宪制王朝诞生了：奥尔良家族的路易－菲利普，一个具有资产阶级个人风格、政治立场圆融的男人，依靠一小群资产阶级选民的支持，登上了这个受到一定限制的新王位。但来自各个极端派别的激烈反对从未停止。他在侥幸逃过七次暗杀之后，最终选择逊位，于1848年逃往英国。农业歉收，失业率居高不下，应对乏术的经济疲软以及激进年轻人引发的政治动荡，导致巴黎掀起了又一场血腥暴动。此后，法

路易－菲利普的衣着打扮尽显资产阶级的浮华。

兰西第二共和国基于极高的民众期望和男性公民所拥有的普选权，正式宣告成立。

此时，谁能带领法兰西？步上舞台的是一位精壮、谦逊、其貌不扬的人物——路易·拿破仑。他生于1808年，是拿破仑的兄弟路易·波拿巴与拿破仑的继女奥坦丝·德·博阿尔内之子。[1]

拿破仑倒台后，其王朝成员皆被驱逐出法国，路易·拿破仑的童年因此过得颠沛流离：从瑞士、德国、意大利，再一路辗转到英国。随着拿破仑的嫡子在1831年去世，路易成了波拿巴王朝的全部希望所在。这个地位使他愈加坚定了这样一种灼热的信念：统治法兰西是他的命运，也是他的权利。他在众多宣传手册与政治论战中反复重申自己的使命，声称自己就是那个能够逾越党派斗争、在男性普选的基础上团结国家的人。

在路易－菲利普孱弱、妥协式的统治期间，路易·拿破仑逐步赢得了一批现成的听众：由于腐败在无能的政府中传播蔓延，越来越多的人支持波拿巴时代的强势中央政权回归。1836年，路易·拿破仑导演了一场政变，却惨遭失败，他本人幸而得以逃脱。经历了在巴西和美国的流亡生活之后，他又回到伦敦定居了几年。他依靠亡母的遗产生活，每天在城市公园中散步，景仰着由约翰·纳西*设计的、从摄政街一直延伸到卡尔顿府联排的宏伟商店和宅邸建筑。

---

* 约翰·纳西（1752—1835），英国建筑师，摄政时期伦敦的主要设计者。——译者注

1840年，路易·拿破仑抵达布洛涅，企图再次发动政变。但这次行动也以愚蠢的失败告终，几乎沦为笑柄。被捕后，路易·拿破仑被判终身监禁于皮卡第的哈姆城堡。在那里，他度过了6年相对舒适的生活，与客人交好（包括他的两个私生子的母亲），并撰写了一系列有关社会和政治问题的文章，以及一本关于如何消除贫困的畅销书。1846年，他轻而易举地借助伪装成功越狱，逃回伦敦，在那里又生活了两年。在此期间，他与迪斯雷利*及狄更斯等人交往甚密。他一直颇有女人缘，这段时间富有的交际花哈丽雅特·霍华德成了他的情妇，并资助他实现政治上的野心。[2]

1848年"二月革命"爆发后，路易·拿破仑简直直接与路易－菲利普互换了位置：就在路易－菲利普以"史密斯先生"的假身份逃离巴黎、流亡伦敦的同一天，路易·拿破仑穿越英吉利海峡，确信他的时代已经到来。实际上，他来早了几个月：这场流血暴动后，支持他以1789年提出的自由、平等、博爱宣言为基础创建共和国的，只剩下摇摇欲坠的临时政府，因此，他放弃了这次冒进的夺权。事实证明这是个明智之举。同年6月，又一波街头暴力浪潮席卷巴黎，让这座城市重新陷入路障、屠杀和大规模逮捕的噩梦之中。

当其他人试图平息混乱局面，在不停歇的相互指责中名誉尽失时，路易·拿破仑一直与这场政变保持着巧妙的距离，直到9月

* 本杰明·迪斯雷利（1804—1881），英国保守党政治家、作家、贵族，曾两次担任英国首相（分别于1868年、1874—1880年）。——译者注

的选举使他以极高的票数当选为国会议员。在厌倦了改革的自由派、激进的社会主义者和反动的保皇派之后，法国农民和工人阶级一边倒地投票给这位来自波拿巴家族的候选人，期待他能实现国家的统一，带领他们回到拿破仑当政时的美好岁月，毕竟在拿破仑的铁腕统治下，法国曾是欧洲最强大的国家。

根据新一届政府颁布的宪法，处于权力顶端的将会是投票选出的总统。于是，路易·拿破仑装出一副令人信服的谦卑样子，又天花乱坠地表明自己除了全心全意为法国服务再别无他求之后，提出自己愿意作为候选人，参加在1848年12月举行的总统大选。他的平民主义宣言承诺（这类宣言通常如此）人人享有稳定、公正和繁荣，还特别提到了他为改善穷人生活水平制定的干预措施无须借助社会主义的财产再分配政策损害富人的利益。在全国范围内有效的竞选活动的支持下，这种空洞宣言竟说服了大多数人：他在选举中以压倒性的优势获胜，赢得的票数接近总票数的四分之三，击败的一众对手中甚至包括理想主义诗人阿尔方斯·德·拉马丁——这位和平主义的临时政府领导人反对死刑，并为争取工作权而参选。

然而，法兰西第二共和国总统的名号和权力并不能让他满足，尤其是在新宪法禁止他连任的情况下。他重拾鬼祟而狡猾的政治伎俩，策划了一个能够使自己的政权稳固而长久的秘密方案。为

宣传全民公投的海报，它将赋予路易·拿破仑新的不受约束的独裁权力。

了调和自由派和左翼分子之间的纷争，他假意维护民主制度，在其内阁中任命多名共和党人，却在不久之后就将他们逐个解雇。他在政治宣传中坚称存在试图煽动无政府主义的地下阴谋论，并称其势力之大足以迫使他发动更强的警察力量并采取必要的镇压手段。同时，他在公众场合出现时皆身着将军制服（尽管他对此并无合法权利），并在人群中安插鼓动者，大声呼喊他为皇帝——对拿破仑一世的尊称，而非总统。此外，他还通过极慷慨的涨薪举措使军队的忠诚度得到了保证。

此次试水后，他胸有成竹，在1851年12月以闪电之势发动了又一场政变。他宣称，法国正面临着一场煽动性的暴乱，对国家目前所处的紧急状态而言，要维持秩序别无他法。如他计划的那样，坚定的反对派都得到了控制，吵闹的异议者被打发到了监

PRÉFECTURE DE LA MARNE.

APPEL AU PEUPLE

LE PEUPLE FRANÇAIS veut le maintien de l'autorité de

Louis-Napoléon Bonaparte

et lui délègue les pouvoirs nécessaires pour établir une constitution sur les bases proposées dans sa proclamation du 2 décembre 1851.

Ceux qui voudront donner ces pouvoirs à LOUIS-NAPOLÉON BONAPARTE mettront dans l'urne un Bulletin portant le mot *OUI*, ceux qui ne le voudront pas mettront un Bulletin portant le mot *NON*.

NOTA. Cette affiche doit être placardée dans le local où l'Assemblée sera réunie pour procéder au vote.

Typ. de DORTU-DEULLIN.

狱里，或被流放到了遥远的殖民地。如今，他成了第二共和国的“王子总统”，并在另一场全国公投中得到了绝大多数人的支持：有超过700万人支持、60万人反对、170万人弃权。作为路易·拿破仑曾经的支持者，伟大的诗人、小说家维克多·雨果则被他赤裸裸的暴政行径所激怒，就此离开法国长达20年之久。后来，雨果在他流亡的英吉利海峡群岛上出版了一本辛辣尖刻的小书，名为《小拿破仑》(*Napoléon le Petit*)。他由此成了新政权首要的意识形态敌人，尽管他从未在路易·拿破仑统治下的法国生活过。[3]

但是，路易·拿破仑深知他拥有的统治权已经到达极限。他开始修改宪法，赋予自己新的权力，以使他在10年任期届满后还能连任。同时，议会的独立性被大大削弱，反对派的范围也被最小化。在他制定的众多琐碎的小规定中，甚至还包括禁止大学生留大胡子，因为蓄须被认为具有赤色共和党人倾向。

后来，他又导演了一系列选举，以确保在国家要职上安插自己的亲信。1852年10月，这位“王子总统”到各省视察，并在波尔多发表了一场重要讲话，阐述了自己对法兰西的美好愿景。他提出，希望通过大规模的基础设施建设让法兰西重现繁荣：“我们尚有大片未开垦的土地亟待清理，道路亟待开拓，港口亟待建造，河流亟待疏浚，运河亟待通航，铁路系统亟待完工……随处可见需要修复的废墟、应该颠覆的伪神、理应称颂的真理。”

这场演讲收获的雷鸣般的欢呼声进一步鼓舞了他。参议院迅速推进了建立第二帝国以取代第二共和国的提案，并提议将“王子总统”正式加冕为法兰西皇帝——拿破仑三世。这一提案被推向全民公投，投票结果再次为他带来了必要的绝对胜利。一切障碍都清除干净了。

* * *

路易·拿破仑是谁？没人能完全搞清楚。他的行为看似发自内心的温和，甚至到了矫揉造作的程度（马克思轻蔑地称他为“一个怪异的庸才”[4]）。他成了二流独裁者，只会避免采用高压手段，更希望得到人民的喜爱与敬仰，而非他们的恐惧和憎恶。他擅长灵活应变，愿意听取意见，随时准备改变自己的计划。他从未显得过分好斗或残暴，更愿驯服而非胁迫敌人：他对严重政治犯的惩罚偏好是将他们流放到阿尔及利亚，即便在那里他们最终也会得到宽恕。他反对逼供或强取，尽管他的手段往往极不道德，但最终结果通常会证明他是对的：第二帝国的稳定局势使法兰西的物质繁荣真正得到发展。

他也无法被指责为狂妄自大：他承认，在未来某个合适的时机，他将会明智地放松对国家的控制，推行真正的民主。他在1853年加冕后不久的一次演讲中说：“对那些抱怨自己没有得到更多自由的人，我的回答是——自由从来无法成为千秋大业的奠基石，它只能在伟业经历了长年累月的巩固之后，成为那顶为之加冕的桂冠。”是的，这显然不难理解，尤其是在这样一个很少见证自由之益处的国家。

三项主要政策帮助他巩固了统治地位。

其一，提供一个民主机构的幻象——参议院，一个独立的司法、议政、选举、协商和代表机构，但并未被赋予任何实权。他们只是纸上谈兵：一切重要决策的制定和实施，都集中掌控在路易·拿破仑的个人办公室里。的确，人们尝到了公开审判和男性公民普选权的甜头，但选区的划分都经过了调整，以方便暗箱操作，也没有设置匿名投票箱，乡村地区的农民（通常是文盲）都会受到选举负责人的强烈暗示，去选择唯一的“官方候选人”。的确，议会中允许辩论，但立法机构成员的任免皆在皇帝一念之间。的确，叛乱者有机会得到特赦，但前提是签署一份宣誓为帝国效忠的决心书。

其二，建立一套巧妙的审查制度。这套制度被视为合理范围内的容忍，更依赖自我审查，而非严格的强制性条例。这套审查制度的规则非常模糊：你可以随心所欲地发表言论或文章，只要不煽动叛乱或有伤风化，但对其违规程度的判断全部取决于警察的个人意志。咖啡馆、歌舞厅或夜总会这些可能滋生异端邪说并引发动荡的场所都受到严密监控，任何具有政治倾向的团体组织都被严令禁止。首席新闻通讯社哈瓦斯其实也是内政部的爪牙，负责发布官方版本的“真相”，并剔除任何不符合这一信息的内容。所有出版物的印花税都被提高了，出版者还必须提前缴纳保证金，以抵扣未来可能发生的违规情况的罚金。不夸张地说，这些措施抑制了反对意见的传播。[5]

照片上的路易·拿破仑透露出精明与狡猾。

然而，路易·拿破仑的第三招才是最有效的。他为此花费了大把金钱，准确地说，是大把纳税人的钱。他追随着叔父拿破仑一世的名言："新政府必须让人惊叹到晕眩。"[6]他决定，第二帝国与其压迫它的子民，不如让他们由衷景仰：不仅通过在这一时期用现代化材料建造而起的建筑，还通过那些目的纯粹的戏剧、游行、庆典和展览。这是一场盛大的长期派对，是"一连串的奇迹"，正如内政部长维克多·德·佩尔西尼公爵所言："观众一定会因几乎永不停歇的奇观大感敬畏，而这一切皆归功于那一人的存在。"[7]

重中之重，是要在皇帝出现的一切公众场合，确保有衷心欢呼鼓掌、摇旗呐喊的民众。在路易·拿破仑最受拥护的外省及农村地区，这当然可以轻易办到；而在更敏感多疑的巴黎，就需要借助受欢迎的记者进行巧妙的新闻控制，因为实际上迎接他的民众寥寥无几，甚至充满敌意。但是，从外国皇室到访时的鸣炮礼遇，到盛大的凯旋阅兵，再到铁路、运河、桥梁、喷泉的落成典礼，甚至就连拆信封时他都不错过任何一个发表演讲、歌功颂德或制造惊喜的机会。

在路易－菲利普这位19世纪三四十年代的"公民之王"统治期间，他试图通过削弱宫殿奢华程度的方式来博取人民的信任。到路易·拿破仑掌权之时，在大礼仪官康巴塞雷斯公爵的策划下，皇室又恢复了镶金镀银的铺张奢靡。这种几乎不适合居住的烂俗浮华风格在玛丽·安托瓦内特之后还未曾出现过。路易十四的经典装束，包括及膝马裤和白丝袜，是绅士的标准着装；而女士则被禁锢在硕大的衬裙之中，尽情展示着法国女裁缝、刺绣工人和蕾丝工匠的超群手艺。皇帝的行事方式十分慷慨：在他于杜伊勒里宫举行的盛大授权仪式上，或是在贡比涅乡村的皇家城堡中举办的华丽的，甚至有些冗长的周末家庭派对上，他都会不假思索地赏赐极高的头衔和荣誉（这些活动常受到知识分子的嘲讽，但无疑每个人都渴望出席，从巴伐利亚的疯王路德维希、大作家古斯塔夫·福楼拜到化学家路易·巴斯德，从来没有人拒绝过他的邀约）。[8]

不过，最需要谨慎处理的问题还是皇位的继承。王朝的存亡取决于一位健康的男性继承者：皇后欧仁妮尽责地产下一名男婴，但似乎从此便背离了婚床——或许是厌恶路易·拿破仑的不忠行为，抑或仅仅是出于对房事的排斥。1856年出生的拿破仑·欧仁·路易·让·约瑟夫，在家庭内部常被亲切地唤作“路路”，得到了中年父亲的百般宠爱。路易·拿破仑身体不太好，也一定明白自己无法再活很久来完成他为法兰西的未来所规划的宏图伟业，所以，他尽一切所能确保路路的健康，让他接受良好的教育以拥抱他那注定的统治者命运。为了彰显这个孩子无可争议的神圣地位，他的施洗礼也被赋予了极高的政治意义。

施洗礼是在巴黎圣母院举行的。这座建筑刚刚由著名的哥特复兴主义建筑师欧仁·维奥莱－勒－迪克修复一新，近10000根蜡烛闪动着温暖的光，在崭新的彩色玻璃窗上折射出迷幻的色彩。

下页图
一位画家所绘的第二帝国时期在杜伊勒里宫
举办的舞会（杜伊勒里宫现已被拆除）。

路路的教父是教皇，教母是维多利亚女王。典礼邀请了5000名宾客——至少这是对外公布的数字。[9] 9个月大时，路路就获封警卫团的荣誉成员，并被授予人生中的第一套军装；6岁时，他受封为下士，开始陪同父亲出席阅兵礼。杰出的学者、严厉的军官，都受邀成为他的私人教师。这个男孩在顺从、虔诚中长大，成了一名机敏的骑师和击剑手，却缺乏个人魅力，智力也不出众。在万众瞩目之下，他怎能满足如此之多的期待和梦想呢？

路易·拿破仑的皇家庆典从来不会草草了事。即便是在低利率背景下，从银行贷款也难以支付账单，而试图通过争取议会的同意来筹集更多资金的行为又将对他的权力造成极大考验。在这个王朝的前几年，认为不断高涨的国债可被与日俱增的经济活动与逐渐放宽的信贷制度带来的高税收冲抵的想法尚有立足之地，毕竟在经济繁荣的年代没人会担心太多；后来，逐步失控的经济体制带来的资产负债表开始引起广泛的警惕和不满。不过在政治上，他的策略依然有效：除了提供在前任路易－菲利普治下极其匮乏的就业机会之外，他还帮助法兰西重建自信的外表——不仅让自己的国民看到，也让全世界都对法兰西的辉煌投来惊叹艳羡的目光。

古怪而华丽的卡斯蒂廖内女伯爵，一位意大利贵族。在第二帝国时期，她那奢侈无度而极富想象力的穿衣风格赋予了她一种令人生厌的魅力。

路易·拿破仑、其妻欧仁妮与他们的儿子——帝国王子，路易。这张照片很有误导性，让他们看上去就像一个普通的中产阶级家庭。

* * * * * *

巴黎的问题

“狼群中的老虎”

路易·拿破仑所想所做的一切的核心，就是如何解决巴黎的问题。由于长期流亡在外，他对巴黎的一切并不熟悉，甚至不是特别喜欢（伦敦更符合他的个人口味）。但他深知，政权的成功与否都将以他的政策在巴黎实施的成效来衡量。和所有独裁者一样，他深深地为他的首都那难以驾驭的不安定能量和极易暴动的无产阶级所担忧，这些力量曾引燃了1789—1794年、1830年与1848年的流血革命运动，甚至超出了普通警察队伍所能控制的范围。他发自内心地意识到，就业是通往秩序和忠诚的关键。“我宁愿面对一支20万人的敌方军队，也不愿面对由失业造成的暴动威胁。”他如此说道。

巴黎是关键。除去政治上的不稳定因素，这座城市亦处在一派腐朽的阴郁状态之中。一些宏伟的建筑孤岛，如卢浮宫或凯旋门，被充斥着肮脏、恶臭与犯罪的城市荒野所环绕。曲折的巷道后街中挤满了住在破旧出租房里可悲的底层公民。巴黎的人口自1800年以来几乎翻了一倍。1832年和1849年，水体污染导致的霍乱暴发夺去了数万条生命。基础设施残破不堪，每天都发生严重的交通堵塞。此般危机，只会越发恶化。

这些年来，政府已对巴黎的问题做了不少修修补补的工作，也提出了不少大胆的、大规模的解决方案。18世纪80年代，路易十六在对城市进行了详细测绘的基础上，颁布了法令以规定新建

皇家宫殿背后的一条街道，这正是奥斯曼竭力试图根除的城市阴暗面典型。

NTIER
UIS MENARD
TIS TES,LINONS,TOILES
UCHO
NIER
ER & GAILLARD FRÈRES
LLES FAÇONNÉS
TELLES DE LAMA
DU

筑被允许建造的尺寸；1793年，政府成立了相关委员会来增加街道宽度以解决拥堵问题。10年后，拿破仑建造了拥有宏伟拱廊的里沃利街，从协和广场一路沿着杜伊勒里宫和卢浮宫延伸。在路易－菲利普治下，1832年霍乱疫情暴发之后，政府及时采取了进一步的应对措施。朗布托伯爵——时任塞纳省行政长官，实际上的巴黎执行市长——下令建造了新的市政厅，完成了凯旋门的施工工程，修建了新的下水道及输水管，并拆除了右岸一片极端拥挤地区的部分建筑，开拓出一条宽阔笔直的东西向大道，从雷阿尔区直通玛黑区，道路两侧整齐地排列着煤气灯和行道树。如今这条路已被更名为朗布托街。

然而，于1848—1852年担任市议会议长的雅克·朗克坦——一位参与过滑铁卢战役的退役军人，也是一名葡萄酒商——却极力主张采取更激进、更有远见的措施。他坚持认为，零碎的改建方案并没什么好处，新建的宽达12米的朗布托街太窄，对当时的常规交通压力而言仍显不堪重负。未来的城市规划若想见成效，就必须更广泛、更综合、更系统。铁路时代的到来即将改变人口流动的模式，并需要全新的交通方式以及往返火车站的集散路线。道路的收费关卡应该被废除，雷阿尔区的食品市场也应该从市中心移走……但此时，朗克坦却面临着巨大的质疑声：钱从哪儿来？巴黎一直都因财政收支平衡而自豪，其财政收入主要来自财产税及对一切进入城市的商品征收的税金（这在当地被称为商品入市税）。朗克坦的提案需要征用大量的土地房屋，并支付巨额的补偿金，这一切都需要通过复杂的司法程序进行协商。除非轻率地决定大规模贷款，否则这笔账怎么算都有亏欠。[1]

路易·拿破仑并不接受这套说辞：大刀阔斧的改造迫在眉睫。简单来说，他利用自己的权力解雇了那些胆小怕事的巴黎行政官，确保让意在简化政府强制购买流程的法案能够通过（金融条款基本上非常宽松，但民众没有上诉机会）。改造资金可从自由市场的银行贷款，其经济逻辑是，城市发展将提供更多的就业机会、提高房屋租金以及土地价值，由此刺激增长、提高回报。路易·拿破仑深信，巴黎应该从纳西对伦敦的总体规划中汲取经验，但法国人必须超过英国人。在他的统治下，他有信心让法国首都再次成为世界上最美、最激动人心的城市。

然而，这样一项连拿破仑自己都没把握处理好的艰巨任务，能够交给谁呢？朗布托的继任者、冷若冰霜又循规蹈矩的让－雅克·贝尔热？还是算了吧。最后，他们在波尔多找到了适合的人选：1852年，路易·拿破仑在这里进行了一次极其成功的访问，无论是振臂高呼的农民还是喧嚣热闹的庆典都无可挑剔。这一切都是一位职业生涯近乎完美的公务员安排的：他就是乔治－欧仁·奥斯曼。

* * *

1809年，奥斯曼出生于一个家境殷实的中产阶级家庭，父母是来自阿尔萨斯的新教徒，祖辈有好几位是拿破仑时代的资深公务员。他身材伟岸、英俊强壮，不过，在巴黎度过的童年时期，他也曾受到窒息性哮喘病的折磨——这段痛苦经历，或许可以解释他后来在巴黎大改造中表现出的对清除阻碍、加强通风的执念。奥斯曼在一所热门的预科学校接受了进步教育，并在那里与诗人、剧作家阿尔弗雷德·德·缪塞成了朋友。他本人爱好音乐，是一位出色的大提琴手，也是终生的歌剧迷，但他选择了进入索邦大学学习法律，后来又进入了政府系统，开启了仕途。经历了几个地方性职务的历练后，他证明自己是一个极其自律、遵从组织的实用主义者，具备在追寻目标的过程中所需的一切魅力特质——虽然明显缺乏处理琐碎事务的老练与耐心。[2]

在奥斯曼的回忆录中，他提到自己是在一场政府晚宴中接到了宣布对他任命的电报。“我欣喜若狂，却努力不表露出内心的惊愕。”他说，自己不动声色地将电报纸叠好，塞到口袋里，告诉那些目瞪口呆的宾客，“没什么大事”。[3]不过，想必他早有预感：路易·拿破仑的幕僚早已将他视为潜在的可用之才，内政部长佩尔西尼也早已开始暗中考察他对帝国政治理念的忠诚度。佩尔西尼生动地回忆了当时的会面场景：

我眼前这个人，属于这个时代最杰出的类型之一。高大、强壮、精力旺盛、能量充沛，又犀利、机灵、睿智。这个大胆的男人并不怯于展现真正的自我。他显然颇为自得，在我面前一一回

奥斯曼男爵，身材魁梧，身高超过6英尺（约1.83米），冷酷坚定，聪明绝顶。

顾职业生涯的亮点，一个也未漏过：他或许可以不停歇地说上6个小时，只要是关于他最爱的话题——自己。然而我并未抱怨他的这一倾向。这全方位地展现了他与众不同的人格。最吸引人的要数他述说自己如何克服诸多困难的遭遇……尤其是在波尔多市议会的经历。他极其详细地向我一一诉说他在市政竞选中遭遇强大对手时发生的事件、他如何给对手设置陷阱、他如何诱导他们落入陷阱、最后又如何给予致命一击——可以看到他的脸上闪烁着胜者的骄傲光芒。

当这种引人入胜的人格在我面前尽情彰显时，尽管其中带有一丝愤世嫉俗的残酷，我却无法掩饰对他深深的满意。要同整个经济学派的思想和偏见做斗争，要同来自证券交易大厅或法庭走廊里那些精明、爱猜忌且不择手段的企业家做斗争，我需要他这样的人。如果说那些最睿智、聪明、正直而高尚的人不可避免地会遭遇失败，那么这位精力充沛如运动员般、肩膀宽阔、脖子粗壮、勇猛机智、善用权宜之计又不失谋略的男人想必能够成功。想到这里，我不禁为自己能将这头高大凶猛的野兽扔到那群妄图阻碍帝国伟大理想实现的狐狸和豺狼之中而提前暗暗窃喜。[4]

奥斯曼从未被正式授予巴黎市长的职务。路易·拿破仑对这个头衔非常谨慎，他担心一旦赋予某个人这一头衔，其背后附赠的权力会过于危险。所以，与前任一样，他的职务是塞纳省省长，职级等同于塞纳省警察局局长——后者负责安全事务，拥有拘捕、拘留及执行的特权。不过省长这个职务很适合奥斯曼，他自有办法处理面临的障碍：他并不想，也不需要与警察乃至政治圈打交道，因为那必会带来无休止的协商、妥协和让步。他唯一的兴趣就是管理和效率。他最过人的才华是运用逻辑性、操作性和系统性按部就班地完成每一项既定任务，实现最终目标。有困难就解决，有反对声就无视或回避。他的才能完全是管理层面的：他没有加入任何党派，也没有什么丰富的想象力。乔治－欧仁·奥斯曼是皇帝的仆人，他的使命就是完成皇帝赋予的这项艰巨任务。这就是一切。

1853年6月29日，奥斯曼正式就职的这天，他在一场正式的午餐会上会见了所有的权势人物，然后与路易·拿破仑进行了第一次密谈。奥斯曼声称，他在这次会谈中立马向皇帝展现出自己的勇气，拒绝了成立一个正式规划委员会的要求，并直白地表示，他打算架空巴黎市议会。他唯一认可的指令，就是皇帝本人的意见。他只需要一些基本原则。为此，路易·拿破仑绘制了一张地图（很遗憾它没能保存到今天），用蓝、红、黄、绿等各色彩笔大致标示出不同的优先级，勾勒出一个新的林荫大道规划网格，由此打通这座城市阻塞的经脉，让她自由呼吸。在接下来的17年里，这张图纸始终是巴黎改造的蓝图。

从此以后，路易·拿破仑和奥斯曼经常会面。可惜，他们的交谈并未留下任何记录，后人只能依靠奥斯曼不加掩饰的、以自我为中心的回忆录来推测他们的对话内容。据说，只有塞纳省警察局局长拥有像他一样的权限，能够如此直接、频繁、隐秘地进出帝国最核心的办公室。只要路易·拿破仑在巴黎，他们几乎每天见面，这样的亲密程度甚至引起了皇帝亲信与其他大臣的嫉妒。不过，他们二人皆以不同方式呈现出一种冷酷的、令人难以捉摸的性格，所以他们的关系其实始终停留在纯公务层面。这中间不乏路易·拿破仑那位阴郁的妻子欧仁妮的作用，她明显不喜欢奥斯曼，觉得他很粗鲁，至少不够谦卑谄媚。奥斯曼并不在乎。在他看来，自己从来不是一个朝臣，而是一名公务员。即便他们二人不能相互赞同，也不会发生争吵。

在巴黎市政厅，奥斯曼的工作习惯遵循着极其严苛的纪律。从每天清晨6点开始，他一天基本上都冷静地坐在豪华办公室中，耐心地研究项目细节或主持简短的决策会议。他不是个爱多说话的人，只依靠非凡的记忆力以及钢铁般的效率优先原则来处理所有文件。他不愿卷入不必要的市井人情之中，因此极少造访建筑工地，即便去也从未踏出马车到城市里闲逛或闲聊。库尔布瓦的公交车上的乘客对巴黎的改造有何想法对奥斯曼而言没有任何意义。用历史学家戴维·P. 若尔丹的话来说：“他与这座城市几乎没有实质性的接触……它并未被视为一个具有惯常习性的生命体：在奥斯曼看来，巴黎只有需求，没有欲望；只有肢体、血脉和消化系统，却没有心脏。”[5]

对待下属，奥斯曼可谓严酷无情、刚正不阿，完全不讨人喜欢，却博得了很高的敬意。最让人恐惧之处在于他的廉洁，他个人对于金钱利益的得失完全无动于衷。他的收入还算可观，开支也十分透明：晚上，他会与那位安静而备受冷落的妻子一起，同享高规格的、符合其身份地位的娱乐活动，但他花的每一分钱的来源去向都清晰可查。他对贿赂者冷若冰霜，即便贿赂来自他的亲戚也一样，面对数十万法郎的诱惑，他耸耸肩，毫不犹豫地将其拒之门外。不过，他最致命的缺点是傲慢，虽然他并不会公开欺凌弱小，在评估某个问题时也会认真倾听，但他必须永远是对的。他轻蔑地对待任何反对者，无视他人的不同意见。像他这样的人通常没有朋友，他们只会让原本已经很困难的抉择变得更加艰难。

在确立了自己的管理风格、查验了预算之后，他开始毫不留情地雇人、裁人。他看人极准，解雇了一大批闲散的公务员，同样也对自己任命的人非常信任，他的几个最亲密的副手甚至在他卸任后依然留在各自的岗位上。他的左右手之一叫欧仁·德尚，是一位不修边幅却镇定自若的建筑师与勘测师，在他身上甚至也能看到奥斯曼那种一根筋的性格。他被委以一项艰巨的任务，即绘制史上第一幅完整的、经过全面且精确的三角测量、比例尺为1∶5000的巴黎地图。德尚近乎狂热地投入到这项工作中，花了3年时间才完成。虽然后来为了公开销售也制作了一些小得多的微缩版本，但原版地图的尺寸面积达到了约15平方米（约161平方英尺）。这份巨大的地图被镶在玻璃中，挂在奥斯曼的办公桌后，雄视着他的办公室。他后来回忆道：“在这座圣坛前，我多次连续数小时沉浸在成果丰硕的遐思之中。”[6]奥斯曼以此为导引，指挥着巴黎的大改造，目的是消除一切干扰到他所珍视的大轴线和远视距的实体障碍乃至地形起伏。这一目标经常带来极其精细而复杂的工程难题，早期的一个著名例子就是圣雅克塔——这座位于里沃利街与市政厅广场相交处的小山丘上的珍贵历史建筑被完全悬挂在木制脚手架上，直到下方土地经过平整铺设后才被下降到新的基础标高。仅这一项工程就花费了50万法郎。[7]

这些前期任务完成后，接下来就可以开始一项前所未有、超乎想象的大工程了。

* * *

由于第一批改造计划早在奥斯曼上任前就已通过市政府批准，所以他上任后，能做的不过是今天我们所说的“项目管理”。例如优雅的里沃利拱廊街的建造，早在拿破仑一世时期就已动工，在查理十世与路易-菲利普时期也并未停止进度，如今仅需进一步东延，将卢浮宫与杜伊勒里宫相连，重建雷阿尔地区的室内集市。还有受路易·拿破仑个人偏爱的项目——这个项目完成时间较晚，需要按照“万能布朗”*的英式风格对布洛涅森林进行景观化改造。

然而，奥斯曼的当务之急是设法快速清理掉卡鲁索广场（如今卢浮宫金字塔所在的大广场）上由廉价出租屋和牲畜棚堆积出

---

* “万能布朗”，即兰斯洛特·布朗（1715—1783），英国景观建筑师，设计了逾170座私人园林及公园，深受英国贵族的喜爱。其作品承前启后，奠定了英式自然风景园盛期的风格。——译者注

的一片狼藉。作为一个憎恶混乱的人，他对自己的所作所为颇为满意："把这一切清理干净是我在巴黎的第一项工作……从我年轻时开始，卡鲁索广场上的邋遢现象……就一直让法兰西蒙羞，这几乎像是承认政府在某种程度上的无能，这件事让我如鲠在喉。"

回头来看，奥斯曼可能会觉得这是他的诸多理念中最无可争议的部分。而更具挑战性的，是第一条林荫大道的铺设。这些大道建设的目的是疏导往返于火车站的交通流，而火车站正迅速成为19世纪欧洲的贸易和人口周转中心。在一项名为"大交叉路口"的项目中，拿破仑一世对里沃利街的延长扩建将使它向东延伸至紧靠玛黑区的圣安托万街，直至巴士底广场；另一端将通往改造一新的夏特雷广场，与一条全新的大道交会——这条大道由北至南，从巴黎北站、巴黎东站开始，一路穿越西岱岛和塞纳河，抵达蒙帕纳斯区和奥尔良门。简单来说，这条大道基本就是今天的斯特拉斯堡大道、塞瓦斯托波尔大道和圣米歇尔大道所在的位置。

一开始，不是所有人都能理解这样做的必要性——为什么不能简单地将既有的、与此平行的圣丹尼街拓宽？但是，偷工减料、拐弯抹角、精打细算或是因微弱的反对声妥协，绝不是奥斯曼的行事风格。他雷厉风行地推进自己的想法，对任何意见充耳不闻。这条宏伟的林荫大道的第一部分在1858年揭幕时，又举办了一场第二帝国式的喧闹游行庆典。在它与夏特雷广场的交会路口，60

下页图

在歌剧院大街施工过程中进行的拆除和挖掘工作。

BOULANGERIE

米高的方尖碑之间，悬挂着一面巨大的金色帘幕，装点着星形、钻石以及帝国徽章。随着号角声响起，帘幕如剧院大幕般徐徐拉起——拿破仑三世骑着马，巡视了沿线。[8]

道路建设依然是奥斯曼的核心使命——在20世纪30年代希特勒在德国发起“高速公路计划”之前，还没有谁展现过类似改善交通的雄心。其他人（如朗布托）虽然也认识到了巴黎“动脉硬化”的问题，但在更多随之而来的挑战面前也不得不临阵退缩。奥斯曼和路易·拿破仑的行事方式是前所未有的，他们以不可阻挡的进度碾轧一切实体阻碍与政治异议。同样让人惊讶的是，他们还策划出一个将道路、铁路站房和一系列宏大社会工程的其他设施开发相互联系起来的巨大城市整体规划战略。

另一个势必载入史册的理念是路易·拿破仑将林荫大道的扩建与社会安全联系起来的秘密计划。如同所有神秘传言一样，这个消息也绝非无中生有，而是多少有些根据。在林荫大道沿途的一些关键位置上都设置了堡垒和兵营，以便发生暴乱的时候，骑兵畅通无阻，步兵阵列前行，可以不受阻拦地碾轧一切。老巴黎的确存在着许多未知领域，给反叛者和罪犯提供了藏身聚众之地，而这条宽阔的街道，作为经过清晰测绘、准确编目、在街灯照耀下彻夜明亮的公共空间，不可能再轻易地容许人们建起街垒——巴黎的街垒，曾在1830年和1848年的大革命中让整座城市陷入泥潭。不过，这一举动的意图如此昭然若揭，似乎无须多言，它自然也未列在路易·拿破仑或奥斯曼的首要目标清单之中。更准确地说，追求效率的理念是最大的驱动力，他们要让巴黎成为一台运行流畅、容易控制、便于检查的机器，为受统治阶级操控的富裕、自足的市民阶层创造最大化的利益空间。

奥斯曼对堵塞有种近乎病态的厌恶，这从他的强迫症状中就可以看出。不过，他对疏通人车流动路线的决心同样蕴含着更宽泛的经济战略意义，即林荫大道两侧林立的商业及住宅开发新项目能够为投资者带来高水平的房租收入，也能提升城市和国家的就业率，并增加税收。我们会在后文详细阐述支撑这一项目建设的复杂金融框架。

尽管项目初期人们尚在吹毛求疵，但当“大交叉路口”项目以惊人的效率完成于1859年时，还是受到了广泛欢迎。每个人的双脚都享受地在整洁、笔直、宽阔的步行道上漫步；每个人的双眼都惊喜于如艺术品般精妙的观赏视廊，在视廊的关键点上点缀着开阔的广场、环岛、纪念柱或穹顶；每个人的呼吸系统都受益于对巴黎那些臭名昭著、残破不堪的后街的清除与净化，这使人们终于告别曾经的霍乱与犯罪的滋生之地。不过，这仅仅是个开始，奥斯曼计划的第二阶段将会被证明是更加雄心勃勃、造价昂贵且充满争议的。[9]

整个19世纪60年代，他进一步开发了长达26千米的林荫大道。在巴黎右岸，这些林荫大道工程包括通往巴黎北站、圣拉扎尔车站的大道，拆除“小波兰”贫民窟后建造的马勒塞尔布大道，还有为今人熟知的共和国广场——这里原是一片充斥着低级剧院及各种见不得人的犯罪场所的混乱街区，被称作“犯罪大道”（这在马赛尔·卡尔内1945年的电影《天堂的孩子》中得到了精彩重现），以及从共和国广场引出的三条新大道。其中最宏伟的一项工程或许就是为拿破仑·波拿巴的凯旋门塑造的壮丽景色框架。凯旋门位于星形广场（1970年更名为戴高乐广场）的中心，12条辐射状的卫星街道交会于此。设计一致的优雅建筑——就连草坪的修剪和铁栅栏的规模都整齐划一。“多么美妙的安排！”奥斯曼在回忆录中如此赞叹，为其无可挑剔的对称性与宏伟气势而欢喜、激动、满足。

在巴黎左岸，圣日耳曼大道同样得以延伸扩建，先贤祠周边的区域也实施了大规模的改造。不过，重塑最彻底的地方是坐落于塞纳河中心的西岱岛，这里曾是奥斯曼眼中的“地狱”。“一处挤满破烂棚屋的地方，”他写道，“这里居住着卑微的居民，交织着潮湿、扭曲、肮脏的小路。”他随即对西岱岛挥出了重拳。他建造了两座新桥——圣米歇尔桥与兑换桥，重建了主宫医院及孤儿院。环绕巴黎圣母院的贫民窟被大面积清理，数千名手无寸铁的工人遭到驱逐，以腾出场地，建造两座气势凌人又造价昂贵的政府建筑——商业法庭和警察总署。好在奥斯曼在快要拆到圣礼拜堂的时候停手了。这座13世纪的哥特式建筑杰作是卡佩王朝*皇宫最后的遗存，侥幸存留的还有阴森而迷人、角塔林立的巴黎古

* 卡佩王朝（987—1328），法兰西王国的第一个王朝，上承加洛林王朝，下接瓦卢瓦王朝。在其统治下的三百多年是法兰西的中世纪盛期，农业、贸易复兴，城市革命出现，为近代法兰西民族国家的兴起奠定了基础。——译者注

监狱——这座监狱曾是玛丽·安托瓦内特、夏绿蒂·科黛*和罗伯斯庇尔†被送上断头台之前的关押地。然而，这片曾经杂乱无章的人类社区却诡异地沦为一处了无生机、用来陈列集权建筑的“主题公园”。有人认为，奥斯曼复仇的驱动力是他个人的神经衰弱症——在孩提时期，这个病恹恹的、患有哮喘病的可怜男孩最恐惧灰尘与污浊空气，每天早晨却不得不在从家到学校的途中经历穿越这座小岛的梦魇。[10]如今，这个男孩的复仇成功了。

* * *

1860年，在立法机构进行了一场敷衍了事的辩论之后——这非常符合他一直以来独断专行的行事风格，路易·拿破仑下令拆除了包税人‡城墙的内圈，将巴黎的郊区直接纳入了城市管辖及监控范围之中。这条法令影响了老城墙外围的11个村镇§，并将巴黎的行政区划个数从12个增加到20个，至今仍未改变。一夜之间，巴黎的城市面积增加了一倍，人口增加了三分之一。受19世纪的自由贸易信仰的影响，包税人城墙上原本设立的、对向城市中运

---

* 夏绿蒂·科黛（1768—1793），法国大革命时期吉伦特派的支持者。因刺杀雅各宾派领袖让－保尔·马拉而被送上断头台。——译者注

† 罗伯斯庇尔（1758—1794），法国革命家、政治家，法国大革命时期的雅各宾派领袖，采取一系列激进措施，推翻了专政制度。“热月政变”后被送上断头台。——译者注

‡ “包税人”制度是封建王朝时期一种代表国王的征税体系。“包税长”便是收税人，往往工作懈怠，又常行贪污受贿之举。

§ 包括奥特伊、帕西、巴蒂诺尔－蒙索、蒙马特、拉夏贝尔、拉维莱特、贝尔维尔、沙罗纳、贝尔西、格勒奈尔、沃吉拉尔，还包括其他14个相邻市镇的边缘。

送货品的农民征税的关卡都被拆除了。但是，奥斯曼必须对这些新增区域的混乱负责，这里充斥着污染严重的工业区、小段的农业污水渠以及几乎沦为法外之地的荒野——既非农村，亦非城市，只有穷困的、没有身份证明的流浪汉居住于此。他们躲藏在悲惨的棚屋中，靠小偷小摸和廉价酒精勉强度日。

住在这些区域的大部分人不得不每天跋涉数千米，往返于居住地和位于城市中心的工作场所——在奥斯曼的建造工地中见缝插针地工作以维持生计。有些人原本居住在西岱岛上的贫民窟，拆迁后被强行搬移至此，有些人则身无分文地从农村来此寻找工作。后者中很少有人表示特别希望成为巴黎人，自然也对这种市民身份带来的官方监察及规章制度有一定的抵触情绪。这些人内心的幸福感或道德状态并不会引起坚持贯彻实用主义的奥斯曼的关心。他更为艰巨的任务是，如何为这些曾经的无人区配备基本的社会服务设施，如铺设鹅卵石道路、架构污水处理设施、解决道路照明和供水问题等。从短期来看，这些建设的开销是对城市财政的极大损耗；但从长期来看，它们与奥斯曼此前完成的任何工程一样具有革命性，会将奥特伊、巴蒂诺尔和贝尔西这些地区塑造为今日巴黎不可分割的文明区域。[11]

然而，奥斯曼和路易·拿破仑都未足够重视这些边缘区域的居住问题，这将成为他们最大的失误——无论是就基本人权还是就政治诉求而言（很多西方国家至今依然在犯这个错误）。大部分移民家庭住在简陋的栅舍或棚屋中，类似我们能联想到的当今印度最穷困地区的居住状况——这些棚子的“屋顶”其实只是从垃圾堆里寻来的废木板或锈铁皮。少数幸运的单身男性居住在他们为之工作的建造商所拥有的条件艰苦的宿舍或害虫肆虐的阁楼中，重要的是，他们还必须为此支付一笔不菲的房租。

当时，整个欧洲尚未出现由政府直接控制的住宅供给的概念，即当代所谓的社会住宅。奥斯曼认为这是私有企业的事，应该让市场根据需求来供给。在这种情况下，大量高端、高租金的住宅楼沿着新铺就的林荫大道拔地而起，变得供大于求，这在经济层面上与沿街林立的商店以及所涉及的商业活动密切相关，只有那些能够向银行抵押贷款的人才买得起。这一现象存在的核心问题，在城市学者安东尼·萨特克利夫的这段话中得到了有力总结：

奥斯曼一度希望，只要为城市建筑创造适宜的条件，民间资本就能为穷人提供足够的住宅，租金也会趋于稳定。然而当他在城市中心开辟这些新道路时，达到的效果却恰恰相反。尽管他声称，新建筑中容纳的公寓比老城区中拆除的部分要多，但他故意忽略了这样一个事实——城市改造后很多土地都无法再用于建设，因为它们都被纳入了街道或公共空间体系之中。他还忘了老城区的公寓往往以房间为单位进行出租、转租，而市中心的新居住建筑都被划分为相对宽敞的公寓，无论如何都极少有工薪阶层能够

下页图

西岱岛上的拆除与挖掘现场。铺设的广场，使巴黎圣母院的主立面第一次展现于人们的视野之中。

负担得起那高昂的费用。[12]

路易·拿破仑深知其中存在的问题，他担心肮脏简陋的生活条件会让工薪阶层成为鼓动政治分裂的激进分子，所以更倾向于采取一条偏向干涉主义的路线，对若干版“工人城市”规划方案表现出博爱而并不果决的兴趣——这一理念受到贯彻家长式作风的社会主义者克劳德·圣西门的启发。圣西门是19世纪早期的空想主义者，他的精英政治思想深得路易·拿破仑的认同。不过这些善意的项目永远无法募集到足够的建设资金，最后只剩下“慈善工作室”——这座依靠教堂维持运营的济贫院在宵禁与规章的严格管理下，充当着赤贫者与绝望者最后的庇护所。

* * *

在第二帝国时期建造的大量住宅都是为中产阶级设计的。这项大工程的财力支持来自一场银行业的投资热，领头人是两个葡萄牙裔的塞法迪犹太人：埃米尔·佩雷尔和艾萨克·佩雷尔兄弟。人们对这兄弟俩的评价极富争议，从他们的外号“精明的资本家”“深谋远虑的投机者”以及“残酷无情的逐利者”就不难看出——当然，不同称号取决于观察者的意识形态立场。但毫无疑问，他们是巴黎证券交易所里雄心勃勃的新星，不遗余力地推行他们的新发明：动产信贷银行。这一银行理念比起老派谨慎的罗斯柴尔德银行而言，更加开放、大胆、富有侵略性。他们冒险投资创新理念与企业，大幅投机19世纪中叶的所有新进增长领域：铁路、出租马车和客车、宾馆、采矿、保险、煤气、跨大西洋航运以及报纸，甚至为1853—1856年进行的克里米亚战争向政府提供贷款。在大多数情况下，他们的大胆投资都获得了丰厚回报，这得益于具有高度创新性的会计制度、来自美国和澳大利亚的淘金热以及普遍乐观的经济气候的提振。

佩雷尔兄弟扩展了大额信贷的客户群体，允许工匠、小资产阶级用小额存款进行投资，由此为法兰西第二帝国注入了大量资金，也成了奥斯曼大改造项目的生命线。政府很乐意为他们的动产信贷银行放松某些限制性的条款——收税远不足以支撑政府的建设雄心，于是佩雷尔帝国的诸多分支机构控制了大量零售和住宅开发项目。有人认为他们富有远见——甚至到了让人起疑的程度——因为他们竟提前知道在计划中的新歌剧院场址附近以低价买进土地，用以建造多座酒店。15年来，他们一直踩着钢丝运营，直到1867年经济衰退，他们之前举债经营的程度才暴露出来，最后造成了一场严重的崩盘。但到那时，奥斯曼早已不可阻挡。正如我们将看到的，他在资本寻猎中缺乏透明度的做法将会成为他倒台的佐证。[13]

同时，这个体系中存在着不少贪污、受贿、诈骗的空间，可

下页图

巴黎的贫民窟唯一现存的照片。这片环绕着巴黎城的荒芜贫民窟中的可怕生活条件暗示着即将于1871年爆发的暴力革命必将来临。

以从中获取可观的利润。投机者若被透露计划中新建道路的位置，提前低价买入周边土地或不动产的所有权，那么在新项目宣布开发后，这些资产的价值马上就会翻倍。尽管奥斯曼及其高层智囊似乎都完全保持着廉洁，但从奥斯曼位于巴黎市政厅的办公室中泄露出的消息却无法被堵住。“强制购买令”也为普通巴黎人提供了一个门槛很低的投机游戏，而且赚钱机会颇多。规则很简单：凡事领先一步。在你的资产接到拆迁通知的一瞬间，赶紧找一个掮客，他擅长让你的资产在通知发布后的五分钟内，在调查员眼中价值陡增——比如找些借来的高级家具装点你家的客厅，或是临时炮制一份光鲜的账目来暗示商店生意的兴隆。这位掮客接着就可以从拆迁补偿金中分一杯羹，而负责评估补偿金的调查员也总能从其带有恩惠性的价值判定中收受贿赂。这样的行径导致拆迁预算令人汗颜地超支数亿法郎。在其他方面，政府平息了反对意见，并因此让工作变得轻松。奥斯曼的改造计划可以被视为在许多巴黎人狭隘的利己主义和短期收益中进行的运作。[14]

* * *

如果说奥斯曼的名字对当今大众来说还有什么意义的话，或许是它会让人联想到沿着巴黎市中心的林荫大道两旁延伸排布的五层或六层高的公寓楼。这种公寓楼模式被欧洲各地广泛模仿，已成为高密度城市的住宅建筑范式之一，就像伦敦郊区维多利亚风格的带露台的别墅住宅那样，颇具适应性与灵活性。中产阶级都喜欢居住在这类住宅中。过了两个多世纪，这些住宅已经饱经风霜，却依然称职地坚守着自己的工作。

很多人认为是奥斯曼自己设计了这些建筑范本，但事实并非如此。实际上，没有任何一个人可以独揽这项功劳。这些建筑的优点之一，就是它们并未经过高强度、个性化的设计，而是从场地上原有的建筑发展而来的。这个简单模型就是，一层为商店或工作室，其上几层被划分为不同户型的公寓，阁楼作为仆人房和储藏室。在19世纪初的巴黎，沿街住宅的立面宽度通常极其狭窄，只有六七米，而住宅内部的深度可延伸至40米——一份存在已久的城市规章限制了相对于街道宽度而言的建筑高度。奥斯曼在他的大道上解除了这些尺度限制，使这些住宅享有更通畅的空气，交通和人口流动也得到了全面改善。*这座一度拥挤、杂乱的城市，必须变得宽敞、和谐。

“奥斯曼风格”的基础形成于19世纪40年代，只有以专业的眼光才能够分辨出路易－菲利普统治末期和第二帝国早期修建的住宅建筑（如朗布托街，建于19世纪30年代末）之间的差别。奥斯曼拥有良好又不冒进的品质，他对新兴工业技术很感兴趣，坚持严格的建造标准：他绝不会为了节约眼下的一点儿钱而偷工减料，在他任期内兴建的一切项目都必须确保质量。而进一步提高新帝国审美水平的任务，似乎落在了建筑师加布里埃尔·达维乌

* 这些尺寸计算的细节非常复杂且具有技术性，可参见安东尼·萨特克利夫的《巴黎：一部建筑史》（*Paris : An Architectural History*, New Haven and London, 1993, pp. 89 - 92）。

的肩上。他在奥斯曼的团队工作，负责设计大部分林荫大道及公园中优雅的公共设施，包括室外音乐厅和铁艺制品。

令人沮丧的是，我们并不完全知晓当时这些设计细节被强制执行的程度，因为大部分相关文献资料在1871年吞噬市政厅的那场大火中被烧毁了。然而，从幸存的证据中可以明确的是，大部分人认为奥斯曼的街区建筑“全都一样”的观点是种错觉。无论他为了整体规划统一制定了怎样的指导方针，允许存在的差异和装饰的空间依然得到了保留。正如建筑史学家弗朗索瓦·卢瓦耶尔所言：“第二帝国的建筑因统一建筑体量而形成的乏味整体性常被批评为缺乏建筑美感，但这一观点却忽略了一个事实，即整体建筑形式的单调实际上得到了极为多样的视觉细节作为补偿。”就

这一点来讲，如今我们最容易在建筑外部的窗框、门楣、梁托以及铁艺装饰中观察到。[15]

这些新林荫大道背后的几何原理，是道路宽度与建筑的均一化高度需成一定比例。在大多数情形下，道路两旁都种植了生长迅速的树木，与灰色的石材立面、鹅卵石街道及路肩石形成鲜明对比。产自巴黎北部瓦兹区采石场的一种经过精细打磨、抛光的石灰岩，随着铁路运输的发展而成为标准化的建筑材料（有法律条款严格规定，这些建筑每10年必须清理维护一次，违者将面临巨额罚款）。屋顶被设计成倾斜或弯曲的样式，一般用锌板或石板覆盖。屋顶阁楼，或是被称作“保姆房”的单室公寓中居住着服务阶层。架设在室外的排水管道都是深褐色的。窗户的尺寸不能有太大变化，并且要在每个街区、每一楼层上按照固定间距排列。不过，如果漫步在圣米歇尔大道上，仔细观察周遭建筑，还是能发现很多细微差别的，例如门廊的造型、门楣及三角墙上的装饰、立柱和女像柱的样式、窗框与窗台铁艺上的花纹等等。

令人遗憾的是，到19世纪60年代晚期，随着资本之兽越发猖獗乖张，不动产开发者变得越发善于扭曲和逃避规则。建筑的建造速度更快、造价更便宜，却不再在意这些装饰层面的个体特色。结果就是对古典建筑原则的演绎愈加单调乏味，粗糙的雕刻、更多的无装饰墙面成了这种建筑的标志——这在诸如梅尼蒙当这样

里沃利街建设项目开始于拿破仑统治时期，在路易·拿破仑的领导下完成——这条大道干净、笔直、交通顺畅，葱郁的树木和通风良好的公园使人感到心情舒畅，这些都是奥斯曼的理想城市中的一部分。

的外围街区表现得尤为明显，整体的和谐性在这里似乎不必过多考虑。

在立面背后，“经典”奥斯曼式公寓楼建筑中最值得注意的（尽管有人认为它根本不存在任何值得注意之处）是对阶级、地位和功能的区分，这种区分比之前任何时候都具有更严格的等级性。底层商店不再与通往公寓层的入口门厅相连通，楼梯井、楼梯平台等公共空间都随着上升至较小的公寓层而逐渐变得简朴，仆人和商人尽量掩人耳目地从狭窄的楼梯井背面通行。在公寓内部，传统的纵向串联式房间模式——每个房间皆可用于起居、进餐、就寝或盥洗（或是以上各种功能的结合）——被一种更加明确的模式取代，尤其是在受到室内上、下水管道扩张的制约的情况下。私密、卫生和舒适成为优先考虑的因素，这是资产阶级生活方式的基础。[16]

* * * * * *

新巴比伦的奇迹

“或许是世间最美之物”

佩尔西尼下达的这项几乎难以完成的任务，包括建设5个大区的市政厅、6座兵营、2座犹太教堂、4座横跨塞纳河的新桥、总长达到650千米的新人行道、广泛种植行道树、重建主宫医院（巴黎的中心医院），是想让第二帝国创造“一连串的奇迹”，以巩固其统治地位，但随之出现的大部分建筑更适合被视为功利主义的结果。比这些更吸引眼球的是对巴黎火车站的改造。这些曾经像是简陋的仓库和棚屋的站房得到了重建，摇身一变成了巴黎北站那样宏伟的古典主义风格建筑——教堂般的中央广场、宫殿似的建筑立面以及对钢材与玻璃的创新性使用，无不彰显出它们的华丽蜕变。

当务之急是重建巴黎的食品市场：雷阿尔市场那些过时的大

棚尴尬地挤在一条条拥挤、曲折的小路之间，不仅降低了物流效率，也给那些试图绕开标准查验站点的狡猾商贩提供了可乘之机。在奥斯曼上台之前不久，一座由知名建筑师维克托·巴尔塔设计的新市场项目实际已经开工。新的市场设计采用了古典柱廊风格，令人联想到古罗马神庙，而非一处商业设施。

但是，路易·拿破仑并不喜欢他在施工现场看到的那座建筑。他下令停工，直到找到一个更为现代的设计为止——他更喜欢巴黎火车站采用的那种将钢材拱梁和玻璃面板结合起来的方案，就像1851年伦敦世博会上由建筑师帕克斯顿设计的水晶宫那样。皇帝递交给奥斯曼一小幅铅笔草图，上面勾勒着他的大致构思——“巨大的伞状结构，仅此而已”，并要求奥斯曼根据这张草图找来其他的建筑设计方案。

奥斯曼的任务是将这个坏消息带给巴尔塔。这位建筑师自诩为米开朗琪罗的信徒，因此对于用钢铁替代大理石的想法感到恼火。奥斯曼耸耸肩，告诉他，不喜欢也得忍着。他现在的最佳选择就是回到画图板前重新工作。在巴尔塔的怒火逐渐平息后，他再次设计出了三个方案，试图将钢梁的比例降到最低，尽量增加石柱的分量。但每一次奥斯曼都不满意，坚持要他改出自己想要的效果。建筑师坚持了一段时间“我是艺术家”的骄傲，但因为奥斯曼是站在巴尔塔这一边的，他的叫嚣最后还是起到了作用。

奥斯曼回到皇帝身边，先是颇具心机地向他展示了一系列拙

建筑师维克托·巴尔塔为巴黎市中心设计的食品市场，一座优雅的棚式建筑。

劣的设计方案——那些建筑师都未完全领会皇帝真正的想法。在一阵犹豫和摇头之后，他们翻阅到了这沓图纸的最后一张。奥斯曼小声地说，还有最后一个方案。“那就看看吧。”皇帝回答。奥斯曼拿出了巴尔塔的修改稿，却并未提及建筑师的名字。“啊，终于！”皇帝说道，“这就是我想要的！”[1]

奥斯曼与路易·拿破仑之间的关系通常就是如此运转，双方都能相对满意，也许还能使每个人都获益——就像在第二帝国发生的大多数事情一样，你不能说这是腐败，但它也不算完全清白。无论如何，事情终于得以得体、快速地完成：这些小诡计带来的快乐结果，就是建成了一系列好用又宽敞的建筑，足以支撑上百年。*

* * *

第二帝国最伟大的建筑奇迹就是新歌剧院。它被修筑在几条新建大道的交会处，其中包括通往卢浮宫的南北向大道以及东西向的卡普辛大街。这个项目的庞大支出来自法国国库而非巴黎市政府，它代表着第二帝国在文化上虚荣做作的巅峰。时至今日，这座建筑依然披裹着法国式自负的华丽外装。

巴黎歌剧院背后的象征意义使它成为路易·拿破仑巴黎大改

---

* 有趣的是，巴尔塔后来还是认识到了钢梁的好处，并在位于马勒泽布大道的圣奥古斯丁教堂的设计中大量使用钢梁。这座教堂被挤压进了一处尴尬的地点，最初被计划用作路易·拿破仑和欧仁妮皇后的墓葬地。它那诡异的折中主义立面无疑让它成为该时期巴黎最丑陋的建筑之一。

加尼叶以奥伯街视角为歌剧院绘制的平面图，其中央楼阁曾为拿破仑三世专用，现在是歌剧院图书馆。

造的拱心石。自17世纪“太阳王”路易十四的宫廷开始，歌剧和芭蕾就成了专制政权的意识形态宣传工具。这些奢华的、假面舞会式的娱乐活动，在凡尔赛宫的议事厅、马厩或花园中上演。诡异的是，凡尔赛宫之内并没有一座专门为之修建的剧院。这些演出通过做作夸张的演唱和舞蹈、奢侈浮华的服装和布景，聚焦于一类神秘主义主题，隐晦地歌颂君权的崇高与慷慨——有时候，路易十四本人（一位优雅的芭蕾舞者）会像在弥撒中一样，在戏剧的高潮部分做一次正式的舞蹈亮相。

路易十五治下（1715—1774），宫廷的重心迁至巴黎。在特许建立的皇家音乐学院的支持下，吕利和拉莫创作的巴洛克歌剧杰作，以富人阶层以及贵族精英为目标观众，在首都各个剧院上演（至今仍经常重演）。在大革命时期及拿破仑统治时期，巴黎歌剧团（广为人知的皇家音乐学院）继续在各个剧院巡演，直到1821

年，他们开始常驻在巴黎第九区的一座狭小简陋的剧院——勒佩尔蒂埃剧院。

到了19世纪30年代，巴洛克时期那种庄重、经典的主题素材不再受宠，取而代之的是那些大场面的戏剧：取材于某些史实，隐晦地支持宗教宽容、进步的启蒙思想以及一定程度的政治自由主义。这类所谓的“大歌剧”，包括罗西尼的《威廉·退尔》（*Guillaume Tell*，1829）、梅耶贝尔的《胡格诺派》（*Les Huguenots*，1836）和朱塞佩·威尔第的《唐·卡洛斯》（*Don Carlos*，1867），通常超过五幕，而且总是会在中间夹杂一幕芭蕾舞演出（通常与剧情关联不大，只为满足某些观众对于女性肢体裸露场面的渴求），一出宏大的游行歌咏，以及某些极具戏剧性或观赏性的戏剧高潮场景，如决斗或火灾。这些作品构成了巴黎歌剧团常备剧目的核心：它们全部由法国籍演员演出、用法语演唱*，集中展现了这个国家艺术成就的巅峰。[2]

这些歌剧中弥漫着道德崇高的基调，很适合在君主面前演出——君主端坐在皇家包厢内，既可以免受民众的恶语相向，也不会犯下丢人的失误。他携着朝臣们优雅端庄地亮相，还经常邀请身份尊贵的客人或外国贵宾加入这一仪式。路易·拿破仑并不具备维多利亚女王那样欣赏“大歌剧”的品位（他更喜欢奥芬巴

---

* 那些篇幅更简短、节奏更流畅的意大利语或德语歌剧会在其他剧院上演，演出者也是外国人。

雕刻家与建筑工人正在为加尼叶歌剧院的装饰努力工作。

N°176

赫创作的轻歌剧），他之所以能够容忍这些冗长乏味的表演，是因为他清楚自己出现在勒佩尔蒂埃歌剧院有利于提升他的声望。因此，1858年发生的那一幕格外令人震惊——激进的意大利民族主义者费利切·奥尔西尼被法国阻挠意大利统一的行为激怒，所以，他趁着皇家马车停靠于歌剧院前，皇帝准备下车去观看《威廉·退尔》的时机，向马车投出了三颗威力极强的自制炸弹。

像大多数恐怖主义分子一样，奥尔西尼与他的同伙并未击中目标，最后只是累及了无辜的平民。这场杀戮导致8名路人死亡、150人受伤，路易·拿破仑和欧仁妮却奇迹般地毫发未损。他们极其勇敢地继续进入歌剧院，若无其事地观看了整场演出。毫无疑问，他们为此事震惊到发抖，却仍决心发出正确的信号以消除恐慌。这段插曲产生的最大影响就是推动路易·拿破仑更快地下定决心建造一座豪华、宽敞的新歌剧院，并设置带有门禁关卡的庭院侧入口以及加了顶棚的庭院，以使皇帝安全、隐蔽地进入这座建筑。

1861年，奥斯曼为建造新歌剧院选定了一块合适的、总面积达到1.2万平方米的地皮，发布了工程项目竞争公告，并限定了一个月的时间以征集项目的初选设计方案。所有171名参赛的建筑师都被要求在所提交方案的抬头写上一句格言——胜选方案引用的是16世纪意大利诗人托尔夸托·塔索的一句话："我渴求颇多，期待甚少。"

这就是时年36岁的查尔斯·加尼叶的真实想法。这位无名建筑师的获选引发了不小的轰动。他出生在属于无产阶级街区的穆浮塔街，是一名铁匠的儿子，靠着自身的天赋和努力进入巴黎美术学院学习，赢得了久负盛名的“罗马大奖”，还到意大利和希腊完成了随大溜的“壮游”。尽管他曾作为一名公务员参与了几个小型市政项目，但他参加竞争时还未在巴黎有所建树。他的设计作品在前几轮筛选中都是惊险通过，不过随着竞争者范围逐渐缩小，加尼叶越发努力地完善设计方案。那些大牌建筑师逐渐对竞赛变得漫不经心，在设计细节上敷衍了事，而加尼叶却越来越较真儿仔细。

欧仁妮皇后是对所有事物都极端保守的人，她曾支持自己最喜欢的建筑师欧仁·维奥莱－勒－迪克的事业，所以在加尼叶到杜伊勒里宫展示他的设计方案时，皇后故意挑剔找碴儿，轻蔑地说道：“这算什么风格？根本什么也不是——既不是古希腊的，也不是路易十六的风格，甚至都不是路易十五的风格！”加尼叶却不卑不亢、毫不退缩地反驳道：“那些风格都已经过时了。这是拿破仑三世的风格！不知您为何对此抱怨？！”[3]

在这场充满火药味的讨论中，双方各有道理：这个设计既存在某种令人不安的放荡之气，又具有一种独特的，甚至是超前的气质。尽管它在一定程度上受到维克托·路易在18世纪80年代设计的纯正、优雅的波尔多歌剧院的影响，但与第二帝国时期相对

下页图

布洛涅森林中众多经过精心设计的新造景观之一。

严肃、更具学院派倾向的建筑风格比起来，巴黎歌剧院的设计彰显出一种放荡不羁的想象力——它更像一座宫殿而非剧院，镀金门厅比舞台和观众席更奢华。建筑还采用了异于常规的建造方式，它看似传统砖石建筑，实际上却采用了钢铁框架。它的建筑风格没有使用任何现成的模板，而是混合了文艺复兴古典主义、巴洛克风格以及洛可可风格等多种元素。建筑史学家热拉尔·方丹还认为，巴黎歌剧院所使用的33种大理石、令人眼花缭乱的马赛克、生动野性的色彩搭配和美感奢华的线条设计，都可视为19世纪末出现的新艺术风格的先声。大约有90位艺术家参与了歌剧院美轮美奂的室内装饰工程。这件事引发了许多人的不满，其中有一则由八卦小报曝光的愚蠢丑闻——1869年，一位身份不明的妇女把一瓶墨水泼到了装饰在歌剧院外立面上的一座作为显著象征的雕塑上，而这尊暴露的裸体雕塑正是由雕塑家让－巴普蒂斯特·卡尔波创作的《舞蹈》。[4]

由于建造新歌剧院的计划是由国家赞助的，而且得到了路易·拿破仑的亲自批准，所以它有幸逃过奥斯曼刁钻的审核，加尼叶也得以获得相对较高的自主权。然而，正如所有这种规模的项目都不可避免的那样，加尼叶从一开始就面临诸多障碍——在施工的前6个月，8台蒸汽泵就夜以继日地工作，以抽干被一条未经提前发现的地下河浸湿的建筑地基（后来在加斯通·勒鲁发表于1910年的小说《歌剧魅影》中，这个场景被描写得神乎其神）。争吵、拖延、纠纷、妥协和阻碍，都导致造价成本节节攀升：从最初的2900万法郎上升至3600万法郎。尽管加尼叶本人坚称，对照每立方米83法郎的平均造价而言，这座建筑已经展现出极高的价值，而且建筑的长寿与名声更证实了他的能力。唯一的坏运气是，他们没能等到科技发展跟上他们的脚步：建筑内的供暖和照明系统使用了煤气管道，但在落成仅仅6年后就不得不花大量经费替换成新发明的电能设备。

加尼叶是个精神紧张的人，瘦弱多病，但仍被自己与生俱来的敏锐幽默感以及工人阶级出身赋予他的坚毅性格所鼓舞。在这14年中，他没有接受任何其他委托，将全部精力倾注于他所谓的“世界级文明圣殿”的创造之中。尽管他骄傲于自己的成就，但依然对自己没有足够的时间和金钱来实现建筑设计中所有的细节亮点而感到失望。不过，在余生中最让他愤怒的是，从卢浮宫通往歌剧院的新大道两旁的建筑物过高，使他的杰作主立面在空间上形成的整体威慑力遭到了极大弱化。“我诅咒塞纳省长官，还有那些残忍地把歌剧院关进一个大箱子里的开发商。”他怒斥道。而后人对这座建筑的态度也并非一味地赞美，社会学家理查德·桑内特将这座歌剧院描述为“一块因装饰过重而摇摇欲坠的巨大婚礼蛋糕”。[5]不过，在1898年加尼叶去世之际，他无疑还是将这座19世纪最伟大的建筑之一遗赠给了巴黎。如今，加尼叶的歌剧院和巴黎圣母院与埃菲尔铁塔一样，已经是巴黎城市景观中不可分割的那部分。[6]

* * *

有两项工程，无论是奥斯曼还是路易·拿破仑都不会因此受到任何动机不明或只为满足一己私欲的责难，那就是巴黎的公园建造和城市上下水系统建设。这两项社会工程至今依然造福着所有巴黎人，无论他们来自哪个阶层。

在奥斯曼之前，布洛涅森林看上去并不比城市荒地好多少，因为自从路易十四奠定这块领土之后，它就一直杂草丛生，成为社会隐疾的滋生之地。路易·拿破仑梦想将它转变为拥有类似伦敦海德公园那种优雅景观（骑行步道和曲折迷人的水系）的地方，但这需要极其复杂的景观设计和水利整治技术，远远超过当时上流社会的老迈园丁所能应付的程度。奥斯曼明智地将在任园丁赶走，设立了一个拥有迷人名称的新部门——“林荫大道与植物园服务部”，并委任一位他在波尔多共事过的野心勃勃的年轻犹太工程师担任部门负责人。这是他最大胆的任用之一，或许也是最富有成效的一个：让-查尔斯·阿尔方。他会成为奥斯曼最得力的助手之一，这两个人之间有着极高的默契。

布洛涅森林迫切需要大刀阔斧改造。干燥的沙性土壤需要引进新的灌溉系统，遍布的灌木丛必须完全清理，道路体系也得重新梳理。在拆除一些破旧多余的围墙后，这个公园的领域得以拓展，一路延伸到了塞纳河。它还纳入一块平整、荒芜的宽阔土地，名为隆尚。这块土地足够建设一块与英国阿斯科特或埃普索姆相媲美的顶级赛马场，取代更适合用作阅兵场地的战神广场。在阿尔方的监督以及皇帝本人的亲自干预之下——拿破仑三世对公园的道路布局提出过某些一知半解的想法——工程在1854—1857年开展、完成，没有遇到任何争议或阻碍。风景如画的森林、林间空地与小瀑布之间点缀着迷人的小木屋、餐厅、演奏台、室外溜冰场和剧院，而将公园周边的土地以开发豪宅的用途出售，并销售赛马场的特许经营权，则意味着这个项目的投资回报率很高，连那些最苛刻的人都难以提出异议。[7]

这个项目唯一的美中不足在于公园的主要受益者是巴黎西部相对富裕的阶层，而为这座城市的无产阶级送上一份相似的大礼就没这么容易办到了。巴黎东部一片干旱、茂盛的林地——凡仙森林成为显而易见的选择。这里曾是一片狩猎林，19世纪初期主要被军队征用。凡仙森林复制了娱乐型公园的诸多特质，覆盖了将近巴黎十分之一的面积，比伦敦的里士满公园更大，是纽约中央公园面积的3倍。然而，周围没有便捷的水源来灌溉这片荒地，必须付出巨大的代价才能把包括一座军工厂在内的一批污染型重工业迁走，而且公园周边用地也没有足够的升值空间，无法通过住房开发冲抵费用。最终，凡仙森林项目的总成本达到了布洛涅森林的4倍。

阿尔方在其任期内还经手过一些不那么有名的项目，比如位于巴黎十四区的蒙苏里公园——这里原本是一座由隧道和古代地下墓穴组成的采石场，如今种满了奇花异树，还矗立着一座气象站。又如八区精美的蒙梭公园，以金色的大门、洛可可风格的装饰以及类似斯托庄园或斯托海德风景园*的英式风格的人工洞穴而闻名。

或许，最复杂的挑战来自城市东北部的一片贫瘠岩地。这里名为巴特－肖蒙，曾是一处公开处决场，后成为石灰岩采石场，最后又成了垃圾倾倒场。牲畜尸体以及排放的污水使这里沦为一片阴湿之地，滋生着臭气、污秽和疾病。奥斯曼热爱这项以改善公共卫生之名迎接的挑战，清理工作很快成为他最关注的项目之一。在1863—1867年的4年时间内，这里原有的道路被切割成块，并且用混凝土加固；数千吨新鲜的表层土被引入，以掩埋现有土层；一条运河的河道被巧妙地更改了走向，使它能为这里的人工湖提供活水。架于湖上的桥由一位名为古斯塔夫·埃菲尔†的朝气蓬勃的年轻工程师设计。地区的最高点上仿造了一座西比尔神庙，设计灵感源于意大利蒂沃利的埃斯特别墅‡中类似的建筑。

这些美妙花园共同构成了巴黎市中心的绿化工程，让巴黎绿树成荫的开放空间从1850年的不足20万平方米陡增至1870年的1600多万平方米。此外，林荫大道的两旁种满了生命力顽强的马

---

* 斯托庄园、斯托海德风景园，皆建于18世纪中叶，是园林设计师“万能布朗”的作品，被认为是英国自然风景园的集大成之作。——译者注

† 古斯塔夫·埃菲尔（1832—1923），法国桥梁工程师，1889年建成的埃菲尔铁塔的设计者。——译者注

‡ 埃斯特别墅，位于意大利罗马近郊小镇蒂沃利，建于16世纪，原是红衣主教的私人庄园，是意大利文艺复兴园林的典范。主要设计者为建筑师利戈里奥。——译者注

栗树和悬铃木，18个静谧的绿化广场——玛黑区的庙宇广场就是广受欢迎、保留至今的一例——都配备了路易·拿破仑所推崇的、常见于伦敦最时尚街区整齐划一的公共设施。不过，这个成功的项目也留下了一次不太光彩的土地征用记录：1865年，奥斯曼强占了位于巴黎左岸深受民众喜爱的卢森堡公园中一块主要用作苗圃的、占地7万平方米的土地，以扩建一条交通要道——莱佩神父大道（现名奥古斯特·孔德街）。媒体对此事进行了强烈抨击，并引发了大规模抗议活动——据说在施工队进场的时候，有10万名愤怒的市民聚集在一起游行抗议。无论奥斯曼在公园的剩余部分中布置了多少精美的喷泉和亭子，都无法平息众怒。不过，奥斯曼依旧不为所动地达到了目的，正如他一贯所做的那样。[8]

* * *

然而，无论是开拓林荫大道还是建设公园，都不像地下工程那样让奥斯曼感到自豪——这些项目都与他想要清除堵塞巴黎的障碍、提高整体卫生水平的强迫症式执念有关。他本人坚持每天洗澡（这个习惯在当时尚属怪癖），在他的回忆录中，奥斯曼将巴黎那些看不见的水管和管道比作人体器官——“它们的运转与维护维持着人类机体内部的活力……却没有对其外观造成影响。”在他的书中，“清洁”与其说是一种信仰，不如说是先决条件。

下页图

在成为一座优雅的公园之前，巴特-肖蒙地区崎岖的地形。

与之相反，路易·拿破仑要求他下令建造的所有工程都能有所展示，都能作为巴黎的旗帜时刻飘扬。在奥斯曼的回忆录中，他讽刺地提到，皇帝并不像他那样为下水道着迷。奥斯曼炫耀道："我彻底为这项事业所吸引，因为它是完完全全属于我的。"

我在拿破仑三世或其他任何人对巴黎改造的构想中都没有找到它。没有人向我提出过这个计划，它完全是我个人洞察的结果，是我作为一名年轻公务员热情研究的结果，也是我深思熟虑的结果。它完全是我自己的创意。[9]

这项工程包括两个层面。由于路易·拿破仑并未在个人层面予以任何支持或认同，奥斯曼不得不更加努力地为这个项目争取它所需的大量资金。

首要任务是解决首都的供水问题。尽管有足够的水资源可供循环利用，但输水管和水泵的缺乏导致大部分水源只能先抵达公共喷泉，再通过专用马车运送至各家各户：全巴黎只有不到三十分之一的家庭拥有自己的水龙头。尽管巴黎人口在过去50年内迅速增长了三分之一，但在人们的记忆中，这座城市中的沟渠与蓄水池的数量却并未得到显著增长，况且，流淌其中的水的质量更是令人担忧，甚至有害人体健康。大部分水来自塞纳河中遭到污染的区域，通过一条拿破仑一世时期建造的运河来输送。这几乎成了一条输送霍乱等主要由水传播的疾病的通道。

19世纪60年代后期，体验巴黎新下水道的摆渡服务成了热门旅游项目之一。

一个解决方案是将所有责任委托给一家私人承包商，他们将提供一份廉价的建造计划，从塞纳河中抽取更多的水。但奥斯曼坚决否定了这一羸弱的妥协方案，又一次无视所有的委员会文件以及类似于诡辩的部门协商过程，亲点了另一位与他相识于波尔多的工程师。1854年，欧仁·贝尔格朗取代了某个不中用的公务员，成为奥斯曼最新的得力助手：他和奥斯曼一样，是个更愿意把事情做成，而不愿在政治斗争上浪费时间的人。贝尔格朗擅长地质学和水文学，他巧妙地利用重力来输送水资源，这种非凡能力不仅帮助阿尔方的公园中那些装饰性的溪流、湖泊和瀑布从设计图化为现实，还应用于那些更具雄心的、绕过塞纳河为巴黎独立供水的治理工程。这让巴黎成为第一座将饮用水与非饮用水管

道系统完全分离的主要城市。

奥斯曼和贝尔格朗共同制订了一个方案，即通过一条新建的渡槽，将纯净而储量充沛的水资源从距离巴黎东北部约160千米的埃纳省的杜伊斯河（马恩河的一条支流）输送至位于蒙苏里公园的、当时世界上最大的蓄水池中储存。尽管这个方案的实施过程遇到了无法预见的巨大挑战，以致不断修改、延期，拖延近10年，还承受着预算超支的压力，但它最终还是取得了成功。1860年，这个系统终于将新鲜的饮用水输送至巴黎及其周边的郊区，使足不出户即可享受直饮水源的家庭数量大幅增加。[10]

污水的处理问题更为棘手，重要性也更是不言而喻。在奥斯曼上台之前，巴黎的污水沟裸露于铺着鹅卵石的道路上，沿途居民直接将夜壶的污秽倒进沟里，粪便依然按照中世纪的方式用推车收集，然后集中倾倒在郊区的处理场。只有一条下水道接收所有的液体垃圾，再将它们以未经任何处理的状态直接而粗暴地排放至布洛涅森林附近的塞纳河中，直到河流在春天开始上涨，沟渠堵塞。这个古老的拥挤地区中的狭窄运河声名狼藉、臭气熏天。革命家让－保尔・马拉曾在1791年逃避追捕时潜入到运河一个不为人知的角落中躲藏，或许正是在那里，他染上了致命的皮肤病，以致不得不泡在浴缸中度过余生*。在维克多・雨果发表于1862年

---

* 让－保尔・马拉（1743—1793），法国大革命时期的民主派革命家、政治家。当他因皮肤病在浴缸中进行药浴时，遭到夏绿蒂・科黛的刺杀。这一场景被生动地记录在法国画家雅克－路易・大卫的名作《马拉之死》中。——译者注

的畅销历史小说《悲惨世界》的一个知名桥段中，下水道传奇被进一步戏剧化——冉·阿让英雄般地扛着身受重伤的马里尤斯，为了躲避怀恨在心的贾维警长的追捕，勇敢地跳入下水道中寻求生路。[11]

奥斯曼和贝尔格朗在远离市中心的阿尼埃尔地区设置了一处新的污水处理场，规模远大于之前的那座，并在5年内建设了逾60千米的新下水道，还配备了设计巧妙的清洁车用于下水道的清洁和净化。在这些得以赶在1867年世界博览会开幕之前完工的宽敞下水道中，还设计了空气清新、灯火辉煌的廊道，它因此成为了巴黎的一处主要旅游景点，参观者甚至包括俄国沙皇和葡萄牙国王。他们认为，巴黎的下水道“如此整洁干净，即便是一位优雅的淑女都可以在此散步……而不会弄脏她的裙子”。正如报纸专栏作家路易·弗约所宣称的——也可能只是在挖苦——“连那些见多识广的人都说，我们的新下水道或许是世间最美之物。”[12]

5

* * * * * *

新巴比伦的欢愉

性与购物

有人说，巴黎充满了欢愉。巴黎人显然知道该如何享乐，也喜欢放下拘束，只要能在派对中尽情狂欢，就会将政治抛在脑后。19世纪中叶，整个欧洲都弥漫着谨小慎微的气氛，人们时刻警惕着革命和叛乱的发生，这座城市也因此成为道德保守者、虔诚敬神者以及伪君子的聚集地，他们认为，这里就像今天的拉斯维加斯一样——没有一个生活在这里的体面人的道德是无可指摘的。“这就是全宇宙的名利场！”维多利亚时期的哲人托马斯·卡莱尔*曾如此讽刺，尽管他真正获得的一手经验或许十分有限。[1]

不过，有很多更接地气的智者和先知，都在担心这座城市已将灵魂出卖给了肤浅：“巴黎无聊得无可救药。”——社论家路易·弗约在他颇具影响力的《环球画报》专栏中曾如此哀叹道；另一位权威学者阿梅代·德·塞瑟纳也曾就这一主题写道：“在巴黎的社会中，什么都可能发生，因为她什么也不信……在巴黎女郎们的鲜花和钻石之下，在绅士们的穗带和奖章之下，潜藏着一种神秘而致命的毒药，侵蚀、吞噬着人们，这毒药就是无聊。”[2]古斯塔夫·福楼拜私下里也认为，巴黎“完全患上了癫痫病，整座城市弥漫着一种从彻底的愚昧中滋生出的疯狂。我们的伪善，让自己变成了白痴”。[3]

知识分子算是完了！不过对普通人而言，这一经历又得另当别论。在忍受“奥斯曼化”带来的尘土、脚手架和种种不便之后，

---

* 托马斯·卡莱尔（1795—1881），苏格兰哲学家、作家、历史学家，代表作包括《法国大革命史》。——译者注

巴黎为她的民众献上了一场永不停歇的狂欢，所有阶级、任何品位都可在此得到满足。其中最盛大的派对无疑是受1851年伦敦水晶宫世博会的启发，分别举办于1855年与1867年的两次世博会。

1867年的世博会，适逢第二帝国如日中天之时。尽管自由贸易的拓展创造了高度竞争的氛围，但这场展览的重点比12年前更加商业化、工业化——艺术品被降格为漂亮的装饰品，当时一些相对激进的画家，如时年48岁的古斯塔夫·库尔贝与36岁的爱德华·马奈，都在遭到官方拒绝后，选择在私人场所展览自己的作品。尽管4月的开幕式堪称一场灾难——包装箱没拆开、篷布翻滚、春泥满地，但世博会最终还是取得了极大的成功，奥斯曼也因此广受赞誉，奖章、头衔和绶带纷纷被他收入囊中。至少大部分奖项都是他应得的：他和他的部下出色地完成了这项规划工作，在展览的7个月中确保约900万名访客有序地参观了这场大秀，其中包括沙皇亚历山大二世（他还惊险地逃过了一名波兰刺客的暗杀）、俾斯麦和威尔士亲王。

这场盛会的中心场馆，是矗立在战神广场上、如同斗兽场一般的工业宫（如今这里正是埃菲尔铁塔的所在地）。工业宫占地约15万平方米，外部被刷成赭、金二色，42个国家馆在其中竞相展示了各自的创新和成就。但不祥的是，普鲁士人选择的展品是一门巨大的钢制火炮——它来自莱茵河上的防御工事，由强大的克

下页图
1867年巴黎世界博览会主展馆的内部装饰。

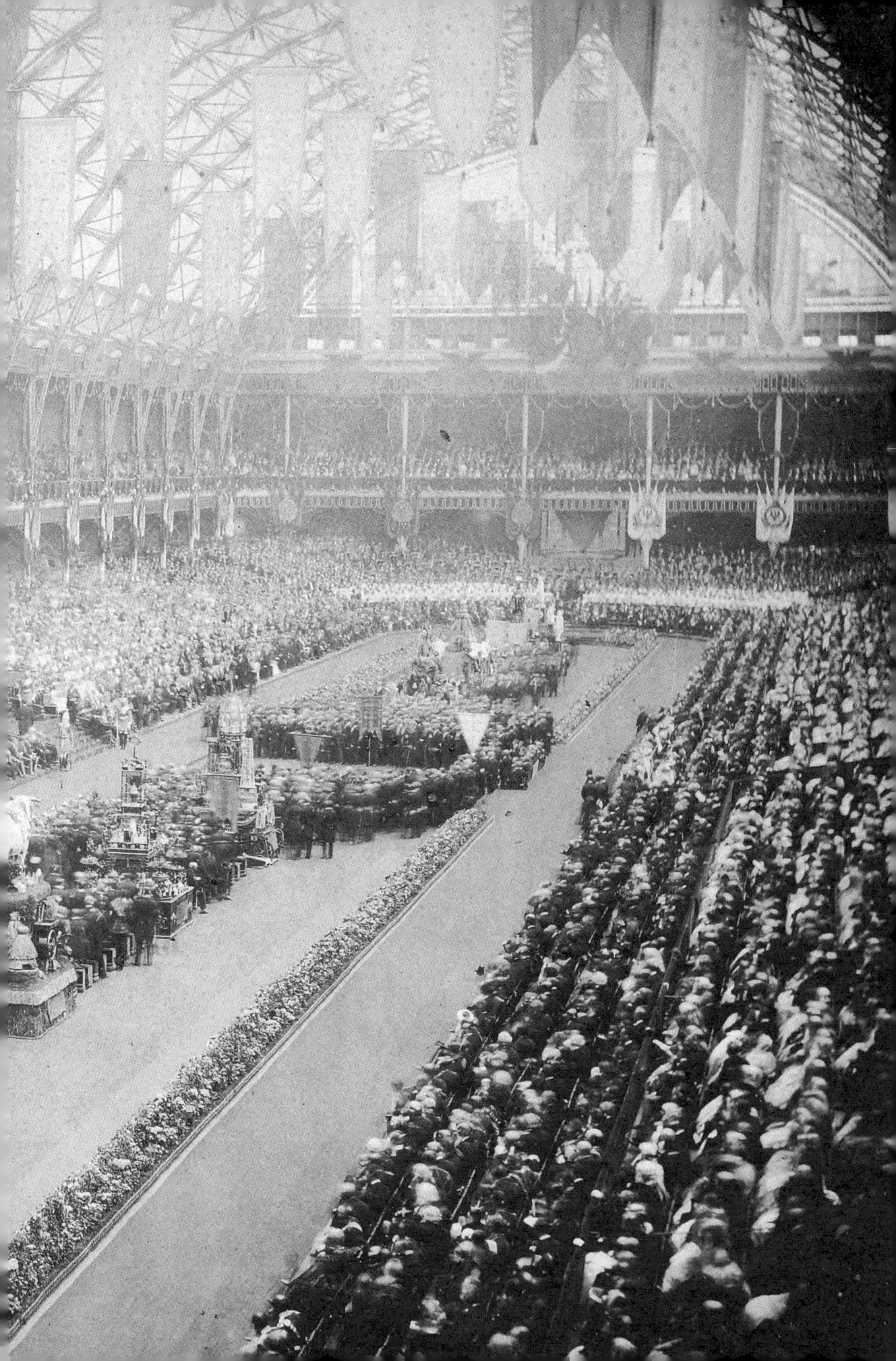

虏伯家族工厂制造*。

环绕工业宫的是一片公园，提供了这场盛会所需的一切娱乐活动：摄影师工作站、热气球出租摊位、水族馆还有供应各式异域美食的餐厅，从鱼子酱到面条应有尽有。最具娱乐感的是那些石膏板建筑，以摄影布景的形式展现各国建筑风格：俄国的是沙皇马厩的模型；埃及则建了一座微缩版的法老神庙；还有来自日本的建筑——欧洲人可是第一次见到，由此引发了狂热追捧。而备受嘲讽的是一座半木结构的“英式小屋”，屋顶上立着一根高高的砖烟囱，让人联想到格林童话《汉赛尔与格莱特》中的姜饼小屋：只不过在它内部展示的特伦特河畔斯托克市制陶工厂的陶瓷器皿并不讨人喜欢。[4]

然而，巴黎对国际游客的巨大吸引力并不仅仅停留于世博会期间。随着1860年自由贸易协定的签订，英、法两国之间无须护照，而且从伦敦桥经由福克斯顿到达巴黎北站的海陆联运列车只需大约10小时车程，在短假期或长周末来巴黎旅行由此变得可行，也逐渐流行起来。佩雷尔兄弟提供了豪华的住宿场所：位于卡普辛大街、拥有700间客房的巴黎大酒店，配备了创新的液压式“升降机……可以将客人护送至他们所在的楼层”，还有先进的电子钟——尽管根据《贝德克尔旅游指南》（*Baedeker Guide*）的说法，

* 一本讽刺风格的巴黎杂志刊载了一幅漫画：身着军装的普鲁士国王威廉一世，双臂下各夹着一门大钢炮，傲慢地走进场馆，被一名满面担忧的侍从拦下说：“抱歉，先生，武器必须寄存在衣帽间。”（Chapman and Chapman, *The Life and Times of Baron Haussmann*, London, 1957, p. 206.）

“酒店很少配备私人卫生间”，并缺少“安静、能干的服务员”。贵族阶层更倾向于选择里沃利街上相对更高级的莫里斯酒店，而美国人则喜欢新卡普辛街上的加莱宾馆——这座宾馆的早餐提供鱼肉丸以及枫糖配荞麦蛋糕，而且隔壁就是一家美国银行。

当时，巴黎的餐厅和今天一样随处可见。从皇宫区的顶级餐厅——韦弗尔餐厅、里什咖啡厅、普罗旺斯三兄弟餐厅，到体面的中等连锁餐厅，如杜瓦尔先生的甜品和汤食餐厅，供应固定菜品，服务员穿得像修女；还有自助餐厅，如加利福尼亚快餐，店主是个颇具事业心的屠夫，他号称每天为工人们提供18000盘烤兔肉。巴黎还有逾两万家咖啡厅，不仅供应饮品和简单餐食，还售卖法兰西最受欢迎的酒——由洋茴香蒸馏制成，从阿尔及利亚进口，被称作“绿精灵”的苦艾酒；此外还提供报纸，以及台球、象棋、牌类游戏等娱乐项目。意大利大道是聪明、时髦的年轻人常去之处：每到下午，都会有一群装扮时尚的年轻人聚集在托尔托尼，在那里可以买到最好的冰激凌，或是配着法式糕点，喝一杯马德拉白葡萄酒。看完戏剧或歌剧后，大家又会来到通宵营业的英国佬咖啡厅继续狂欢。在这些地方，男性的欢愉永远是主旨，女性必须有人陪伴，否则难免受到骚扰。更奇怪的是，这里的红、白葡萄酒一般都是用苏打水稀释后才供人饮用。[5]

巴黎的娱乐活动同样缤纷多彩。从法兰西喜剧院上演的大歌剧、经典戏剧（在这座剧院，出身不明的18岁少女莎拉·伯恩哈特*于1862年紧张地上演了她的处女秀），到蒙西尼街的巴黎喜剧院上演的奥芬巴赫具有讽刺意味的轻歌剧。而那些寻求刺激及世俗娱乐的人还可以去热闹的餐酒吧，如福堡－普瓦松尼大街上的城堡咖啡——在那里，歌舞演员（比如毫不拘束的特丽莎）演唱粗俗的流行歌曲，有时候甚至会让人觉得简直是污秽和讽刺；或者去歌舞厅——优雅的波尔卡舞曲和华尔兹允许人们光明正大地调情。在下层阶级居住的郊区，人们并不在意那些追求女性的礼数：午夜过后，这座城市就会被艳俗的康康舞占领。如今人们看到的康康舞已经是当代的一种净化形式——一群欢快歌唱的舞娘，只会在舞蹈的间隙显露出泡沫般的白色衬裙和灯笼裤。而在更正宗的原始版本中，康康舞是一种自由的摇摆舞，一种求偶的仪式：舞娘的裙摆之下空空如也，她们的高踢腿几乎如同一份放荡的邀约。警察会严密监控举办这类狂野活动的场所，他们不仅在表面上是公共道德的护卫者，也在暗地里密切关注那些试图利用公众的兴奋来煽动偏激政治观点的不法分子。[6]

* * *

巴黎也是欧洲的大市场，没有哪座城市拥有巴黎这样能提供令人目不暇接的购物机会的能力。例如，作为现代商场前身、位

---

* 莎拉·伯恩哈特（1844—1923），当时法国最成功的女演员之一，曾广泛出演戏剧、歌舞剧、电影等。雨果、大仲马等剧作家都对她赞誉有加。——译者注

巴黎的娱乐：第二帝国的宴会。

于塞夫勒街上的乐蓬马歇百货，在各个楼层销售高档布料、服饰、家具和家居用品。在这样一家大百货公司做柜台销售简直是工薪阶层女孩们的最高职业梦想，尽管这种职业对纪律和礼仪的规定几乎到了职业军人一般的僵化程度。乐蓬马歇百货所采取的市场销售策略来自其幕后推手——阿里斯蒂德·布西科（后来也被很多人效仿）。精致的橱窗展示、报纸杂志上的整页广告、引诱消费者多次购买的商店布局、薄利多销的营销策略、基于自由退换货政策的“绝对满意”保证和邮寄服务等，都是他销售商品的手段。在巴黎的街道上，还发生着更多见不得人的交易：小贩在偷偷地兜售禁书和淫秽照片，皮条客和伪装成“卖花女”的妓女在大街上游荡着招揽顾客。

梅毒与霍乱、伤寒一样，被视为公共健康的巨大威胁——这当然是一种正确的认知。为此，政府付出了大量精力来管理性交易。妓院（其中不少是随着奥斯曼大改造从西岱岛的贫民窟中迁出的）和个体性工作者都必须在警察局注册备案，不仅其服务区域和范围要受到严格限制规定，还要定期接受私密到让人羞耻的身体检查，违规者将面临罚款、监禁和取消资质的惩罚。毫不意外，很多人宁愿冒着巨大风险也要逃避这种无法带来任何优势或保护的严苛体系。法外之徒、未登记者的数量如此之多，以至于那些在日常生活中清白无辜的“体面”女性都必须竭力标识自我，以避免尴尬发生。

据警方估计，巴黎共有3万名妓女在外游荡。警察局局长抱怨道：“到处都是妓女。”

不论是小餐馆、酒吧、剧院还是歌舞厅，你可以在任何公共场所、火车站甚至火车车厢里遇到她们。大部分餐厅前的步道上都有站街女。她们成群结队地在这些优美的街道上游荡，令公众感到厌恶。

但是，除非她们被人目击在明目张胆地招揽生意，否则没人可以逮捕她们。商店售货员、合唱队女孩、服务员，有谁不会因钱误入歧途？“我们甚至分不清究竟是清白的女性穿得像妓女，还是妓女穿得像清白女人。”福楼拜的朋友、作家马克西姆·杜·坎普曾如此挖苦道。巴黎俨然成了一个众所周知的“性交易之都”。[7]

猜测“谁是站街女”成了巴黎男人的日常消遣，这让他们时刻欲火焚身。然而，臣服于诱惑的代价是很高的。据官方报告，巴黎每年的性病病例超过5万例，并且只能采用效果有限却非常危险的水银和碘化钾作为治疗药物。[8]

男人还可以幻想更浪漫的邂逅。即便这个女孩并不从事常规性交易，那她是否可能是个放荡女（很愿意和男友同床共枕的女性，就像歌剧《波希米亚人》*中的咪咪一样）或洛丽塔（愿意接受年长男性保护的女性，就像《波希米亚人》中的穆塞塔）？在民

* 《波希米亚人》（*La Bohème*），意大利剧作家普契尼作曲的歌剧，1896年在意大利首演，根据法国剧作家亨利·穆戈1851年的小说《波希米亚人的生涯》改编。故事背景设置在19世纪40年代的巴黎拉丁区，描述了一群年轻人对波希米亚式的自由生活和青春爱情的追求。咪咪和穆塞塔是剧中两位女主角。——译者注

下页图

乐蓬马歇百货公司的建筑外观，这家百货公司引领了高档消费的新风尚。

MAISON DU BON MARCHE
MAISON DU BON M
MAGASINS DE NOUVEAUTES
24
NOUVEAUT
HOMMES

ON DU BON MARCHE MAGASINS DE NOUVEAUTES
22 MAISON DU BON MARCHE NOUVEAUTES 20

间传言中，还存在着一类高级名媛，这是一群迷人又危险的“海妖”，一个男人可能要花费一笔不小的财富，才有资格换取一窥酥胸或亲吻玉足之幸。“我的一切愿望都像被驯服的小狗一样紧跟在我身后。”这是一名臭名昭著的高级名媛的名言。她叫埃丝舍尔·拉赫曼，民间名号为“拉帕瓦夫人”。她是一个波兰裔犹太纺织工的女儿，借助富裕的情人为自己铺路，从柏林、维也纳、伦敦、伊斯坦布尔一路通往巴黎，住进了香榭丽舍大道上一座装饰艳俗的豪宅*中。建造豪宅花费的数百万法郎都榨取自被她迷得神魂颠倒的工业资本家吉多·亨克尔·冯·唐纳斯马克——此人比她小12岁，却最终成了她的丈夫。多么不幸的蠢货！拉赫曼不仅脾气坏，也算不上美若天仙，可她却渴望自己能混迹高级文艺圈。据对她着迷、曾受邀前往她疯狂的奢华宴会的龚古尔兄弟所言，她“并不聪明，但也没人骗得了她”。[9]

* * *

巴黎充满着欢愉，其他任何地方都无可比拟。但是，如同硬币的两面，巴黎的另一面就是乏味：一种深邃的、带有侵蚀性的忧郁，潜藏在对感官愉悦的狂热追求和快速更迭的时尚新潮背后。每个聪明人都能感觉到存在于这一切背后的焦虑、空虚和陈腐。在

* 尽管被剥离了部分镀金、大理石装饰，但她的宫殿依然弥漫着一种巴比伦式的、原始的奢靡之风。如今这里已经成了旅行者俱乐部的活动场所。

伊波利特·丹纳*出版于1867年的讽刺文学《巴黎笔记：弗雷德里克－托马斯·格兰多热先生的生活与意见》一书中，他敏锐地分析了这一现象。一旦巴黎典型的时尚青年沉迷于“他的厕所、他的家具，还有他的外表，那么他的所思所想也就到此为止了”。[10]这种自恋状态，几乎让巴黎的有识阶层心神不宁。古斯塔夫·福楼拜、夏尔·波德莱尔†这样的美学纯化论者在政治立场上也是愤世嫉俗的反动派：他们反感巴黎式的盛会，但与其说他们是憎恨或反对第二帝国，不如说是对其鄙夷到了无视的地步。他们提出的社会主义或共和主义替代方案只转化为一种易怒的个人沮丧心情，波德莱尔美其名曰“脾气”。“巴黎变了，”他在诗歌《天鹅》（*Le Cygne*）中反思道，“巴黎变了，但我的忧郁却丝毫没有减弱。”

还有人对更大的灾难有种冷酷的直觉，比如龚古尔兄弟，两个忠诚的巴黎人，在他们1869年联名撰写的日记中记录道：“全巴黎的树都开始死亡……古老的自然正在消失，她离开了一片被文明荼毒的土地。”[11]这或许不是真实情况，毕竟听说奥斯曼已经将城市公共绿化面积翻了倍，但给人的感受的确如此。

这样的担忧情绪在多大程度上来自奥斯曼大改造的影响？对普通民众而言，生活在持续而剧烈的环境变迁中自然是非常疲惫

---

* 伊波利特·丹纳（1828—1893），法国文艺理论家和史学家。《艺术哲学》一书是他最重要的文艺理论著作，对于19世纪以来的文艺理论研究有着深远影响。——译者注

† 夏尔·波德莱尔（1821—1867），法国现代派诗人、象征派诗歌的先驱，代表作包括诗集《恶之花》《巴黎的忧郁》等，曾因诗歌内容有伤风化而遭到当局的判罚和封杀。颓废、忧郁、堕落成了他的美学关键词，他的诗歌对现代主义美学思想的形成具有较大影响。——译者注

的。有人甚至将这种变迁比作持续的地震，头上悬着的斧子随时都会毫无征兆地落下，但伤者却不会得到赔偿。土地征收的速度快得惊人，《每日电讯报》（*The Daily Telegraph*）做作的记者费利克斯·怀特赫斯特稍微有些夸张地写道：

那个戴着三角帽的男人在楼下大吼一声，扔下文件（这是周一）。周三，他便带着两个更可恶的男人回到这里，不仅通知你搬家，还规定了具体的日期和时间。随着最后一个行李箱搬离住宅，就会有人锁上大门，并将门房这个你往常从忠诚的门卫那里接收信件的地方变成“拆迁办公室”。周六，你再次经过这里，建筑已被拆得片瓦不存。六匹灰色的诺曼底骏马和四个习惯满口脏话的男人正在崭新的尚皮尼翁街，即昨日的谢纳街上，铺设着第一块石头。[12]

这出改造大戏带有一种超现实的荒诞，几乎令人厌倦。每一个渴望瞻仰新巴黎之容颜的人，都如专栏作家维克托·富尔内尔所言：

会碰上这样一群工人，他们正挥舞着锄头拆除一栋建筑或宫殿，或是齐声呐喊着用绳索拉扯一堵墙体，使它很快就倾倒在一片尘埃之中……他会看到成排的住宅被“斩首”“开膛破肚”“切割”、塞进洞窟……他不得不每一步都闪展腾挪，因为走在马路上随时会听见楼上传来“当心”的叫喊声，他也必须时刻小心脚边成堆的碎石砾与灰泥浆。在他的两侧是穿梭的拖车、马匹、满脸白色石膏粉末的建筑工人。在他的头顶，瓷砖和涂料如雨滴般落下，耳边时刻回响着地狱般的建筑交响曲——切石机的噪声、吊车的吱吱作响，还有农民工嘶哑的咒骂。[13]

奥斯曼时常被描绘为一名铁石心肠的破坏者，无情地将一切挡路之物拆掉。这个评价并不完全公允。的确，他拆掉了圣日耳曼大街上一些漂亮的公寓楼（当时其实破得让人厌恶），它们原本应该被列入文物保护目录，神圣不可侵犯；但让他显得最为残暴的是对西岱岛的改造，他摧毁了整个社区。那里原本聚集着偷窃之徒，是那些毫无希望、身染疾病的社会底层人物苟延残喘之地。

尽管奥斯曼痴迷于清理和规整，但在某些地方，他同样承认有些历史纪念物不仅应该被保留，还需要被保护。他尽职地组织了一场对老巴黎的学术调查，为所有被取代拆除的街道和街区绘制地图、拍摄照片。*奥斯曼还在1866年下令购买了玛黑区的一栋豪宅，那里的主人原是17世纪的上层知识分子塞维涅夫人。这栋建筑后来被改造为卡纳瓦莱博物馆，如今仍上演着一场关于巴黎城市历史的华丽盛会。

然而，对家园的情怀并不能被轻易根除。尤其是维克多·雨果在1831年发表的小说《巴黎圣母院》中将残破的中世纪巴黎城市风貌浪漫化之后，那些街巷中所谓的“真实氛围”就被赋予了

---

* 尽管后来这些档案大部分毁于大火，但剩余部分现今仍被保存在巴黎城市历史图书馆中。

伤感情怀——虽然现实很残酷，比如里沃利街背后的圣马丁广场那般恶臭的城市沼泽：可怜的流浪汉睡在长凳上，被便宜的烈酒腌渍着，靠着乞讨所得或打零工赚得的几块硬币勉强维生。

那些从改造项目中获利的人匆忙为奥斯曼辩护，其中一个是颇受大众喜爱的报纸写手阿梅代·德·塞西拿。他在《新巴黎》这本小书中认为这些宽阔的林荫大道阻止了后街暴乱的发生。他语气轻松地写道："我和所有人一样怀念老建筑，但我无法理解怎么会有人宁要狭窄曲折的小巷，也不要宽阔笔直的大道；宁要破旧而不利于健康的老宅，也不要优雅而对健康有益的新居。"[14]

更普遍的是捶胸顿足般的旧约式的哀悼。就像路易·维约在《巴黎的味道》一书中所写的："这是一座没有过去的城市，充斥着没有记忆的精神、没有眼泪的心跳、没有爱的灵魂！城市中只留下一群再无根基的人！"类似看法通常认为，被毁掉的不仅是物质性的景观，还有巴黎的精神。记者兼政客朱尔·费里同样惋惜地说，一边是"人们眼中饱含泪水，为古老的巴黎、伏尔泰的巴黎、德穆兰*的巴黎、1830—1848年的巴黎而流泪"，另一边则是"得意扬扬的粗俗审美和露骨的唯物主义，这就是我们留给后代的一切"。[15]

查尔斯·加尼叶在1869年发表的评判更具远见卓识："我梦想

* 卡米尔·德穆兰（1760—1794），法国记者、政治家，法国大革命时期的重要活动家，大革命后被送上断头台。——译者注

一幅未经证实的拉帕瓦夫人的肖像。她是活跃在当时的巴黎高级妓女中最声名狼藉，也是最成功的一人。

有这么一天，闪闪发光的金色阴影将照亮我们这座城市的一切纪念碑和建筑。”他狂热地说：

> 之后，我们将停止修建宽阔笔直的马路，这种马路虽然优美，却像贵妇一样冷酷呆板。我们的街道不会再如此僵化，每个人都可以在不损害他人利益的前提下，随心所欲地建造自己的房屋，不用考虑它是否与邻居家的风格相协调。檐口闪烁着永恒的色彩，金色的带状装饰在外立面上闪耀，纪念碑由大理石和珐琅瓷装点，马赛克让城市中充满跃动的色彩。这不是庸俗的华丽，而是真正的富饶。一旦人们都习惯城市中这些令人惊叹、眼花缭乱的细节，他们就会要求重新设计并提升自己的服装品位，如此一来，整座城市都会浸染在一片和谐的丝绸和金饰汇成的海洋之中……然而，我左顾右盼，只看到灰蒙蒙的天空，装修一新的房子和在望不到尽头的大街上艰难前行的黑影。简而言之，我眼中的巴黎才是她应有的样子！[16]

或许，同时代最有趣的评价来自维克托·富尔内尔发表于1865年的《新的巴黎，未来的巴黎》。他承认：“巴黎获得了作为一座伟大首都必备的宏伟特征……空气、光线和宽敞的空间。肮脏的街区被清理干净，纪念性建筑都得到完整的展示，精确的基础设施网络覆盖了整座城市。”然而，如果他只做这些就好了！实际上，奥斯曼变成了“直线上的匈人首领阿提拉”，巴黎由此失去了“如画的、多样的、意外的风景和发现的魅力——这让人们在老巴黎散步的体验成为一场穿梭在新鲜且未知的世界的探索。这样一种多面的、生动的地貌，如同一张张各不相同的面庞，赋予了这座城市中的每个地区独一无二的特质”。而如今，主宰这座城市的是一种单调的直线形的壮丽，在移除了“起伏、棱角和曲线”之后，这里被改造为“一座从最独特、最神圣的记忆中蜕变而出的崭新而洁白的城市，一座商店和咖啡厅遍地的城市……一座浮华光鲜的城市，一座注定会挤满外国游客的大酒店”。[17]

这样的冗长哀恸一直不见衰减地延续至21世纪，人们开始推崇与主张效率最大化的霸权资本主义相抗争的新文化。美国当代作家丽贝卡·索尔尼特的辛辣文字为奥斯曼式巴黎的衰亡哀悼，她的语调完全与一个世纪前那些为以进步名义拆除的街道哀悼的怀旧主义者一样：

> 右岸上的大块空地就是曾经的雷阿尔大市场被拆除的地方……交通信号灯会入侵拉丁区狭窄曲折的老街，闪着荧光灯的快餐店塑料广告牌将玷污那些古墙，杜伊勒里公园和卢森堡公园里的金属椅——它们的螺旋形扶手和穿了孔的圆形坐凳（与该时期的公共小便池的审美风格大致相同）——将会被更直线条的椅子所取代，非但不够优雅，还全都会被漆成绿色。[18]

会改变的还有更多。

* * * * * *

奥斯曼的倒台

逾界之举

奥斯曼的命运交织着一抹悲剧的雄壮与一丝凄凉的平庸——他高昂着头颅，尾巴却夹在两腿间。尽管他从未公开受到羞辱，但后半生却在阴霾之中度过。从19世纪60年代中期开始，他就遭遇了不可阻挡的政治滑坡。尽管公众都感激他为城市上下水改造和公园建设事业做出的贡献，但他对巴黎公共卫生系统的最后一次变革却被证明是一次彻底的失败。

在法国，遗体处理一直是个饱受争议的话题，直到20世纪60年代，第二次梵蒂冈大公会议*才第一次允许天主教徒火葬，缓解了这一矛盾。但在第二帝国时期的巴黎，土葬依然是那些教徒的唯一选择，无论它会带来何种公共卫生威胁。数百年之后，巴黎的教会墓园早已没有空位，连在1804—1825年先后建造的拉雪兹神父公墓、蒙帕纳斯公墓和蒙马特公墓，也很快就被占满。

在处理这一问题时，奥斯曼越了界。在颇有先见之明地计算了预期的城市未来人口增长数量，并得到贝尔格朗提供的一份关于墓地渗漏造成供水系统污染的报告之后（更不用提因尸体腐烂散发出恶臭而造成的空气污染），奥斯曼暗中制订了一份计划，要在瓦兹河畔的梅里找块空地（巴黎以北约23千米处），修建一座大型市立公墓。这一项目的灵感或来自1854年建成的英国布鲁克伍德公墓，距离萨里市的沃金镇不远。[1]

---

* 第二次梵蒂冈大公会议，由罗马天主教教会召开的全球性主教会议，是自公元325年尼西亚大公会议以来基督教历史上的第21次大公会议，也是截至目前最后一次大公会议。会议于1962—1965年在梵蒂冈举办，出席的教会领袖多达2540名，对基督教世界的当代革新有很大影响。——译者注

奥斯曼料到，这个项目一旦公布，所引发的投机行为必定会激起众怒。于是他在不违法的前提下，狡猾地成立了一家公司，以便宜价格购买了大约500万平方米的建设用地，却并未让任何人知晓他的真正计划。在他眼中，巴黎因此敲定了一份合算的买卖，但当1867年这个故事曝光之时，媒体却不这么想，反而纷纷对他口诛笔伐：在权威人士看来，这个阴谋是奥斯曼典型的自大行径，总是不按常规程序办事，即便这算不上严格意义上的腐败也十分可疑。在巴黎《记者报》（*Le Correspondant*）上，维克托·富尔内尔强烈谴责道："在他对生者空间的征用之后，紧跟着的是对死者空间的征用以及对遗体的驱逐，这些都将发生在巴黎郊外的这处公墓，它将成为巴黎逝者的博特尼湾*。"因此，在死亡列车、幽灵公路这些让人不寒而栗的传言下，这个方案始终悬而未决，无法执行。[2]

奥斯曼并不怕这样的丑闻，因为没有任何证据表明他个人会从这桩土地买卖中获益。他真正的死对头是朱尔·费里——一名正在参加竞选的记者（后来成了政府大臣）。费里于1868年将他的若干篇社论结集出版，名为《奥斯曼奇事》。这是对《霍夫曼奇事》的双关语，这本德国小说家E. T. A. 霍夫曼的魔幻现实主义故事集后来被奥芬巴赫改编创作成同名歌剧。[3]

费里在书中所言的并不算什么新鲜事，几年来民间早已怨言

---

* 博特尼湾，又称植物学湾，位于澳大利亚悉尼南部郊区。1770年，库克船长在此首次登上澳大利亚大陆，随即建立了囚犯隔离区，成为英国流放罪犯的殖民地。——译者注

四起，不仅基于先前提到的那些美学或情感层面上的理由，还因为有人认为，新开发的项目完全偏向富裕阶层，牺牲了郊区及工薪阶层街区的利益。外省人也注意到，政府给巴黎的预算拨款已经超过整个国家其他地区总和的10倍以上。对巴黎人而言，日常生活中也有无尽的烦扰。这座城市始终处在翻天覆地的大改造中，尘土漫天，噪声嘈杂，建筑工地妨碍着交通。甚至有人说，奥斯曼的改造不再能为公共福祉做出什么必要或有益的改变，这只是一种炫耀行为，是让有钱人为自己赚更多钱的机会。

奥斯曼在巴黎的大部分政治生涯中，几乎总是对批评和反对不屑一顾。对集会与言论自由的限制，意味着大众的反对意见很难形成气候。实际上，只有那些直接受到征地或拆迁影响的人才会进行抗议，而且其中大多数人很快就会被慷慨的补偿条款收买。只有一次，当奥斯曼为了拓宽奥古斯特·孔德街而征用卢森堡公园的一部分土地时，才彻底引起了一场大型公众抗议。当时，巴黎缺乏强大且有资金支持的游说团体，比如今天英国的国民信托组织，去游说政府改变那些过分自负的决定，也没有任何能为历史建筑提供全面保护的法律。

然而，在19世纪60年代中期自由主义思想的鼓舞下，广泛存在且压抑已久的民愤倾泻而出，费里的攻击点也集中在奥斯曼的不负责任上——这是在法兰西趋于自由化、加强民主化的时期尤为突出的领导行为特征——仿佛只有皇帝能够抑制他，更别提控

奥斯曼让巴黎的公共空间和卫生设施得到了各种各样的改善，尤其是还建立了这些造型别致的小便池。

AU OUISTITI

制他了。有了路易·拿破仑撑腰，他几乎可以为所欲为。他那种天生的自大长久以来已经逐渐演变为自满。在不咨询任何人的情况下，他就借了数亿法郎来支撑他的计划（但债还得巴黎来还），还通过自己操控的一项基金来使这些钱合法化。这样的行为导致的后果显而易见：巴黎的整体债务从17年前的1.63亿法郎猛增至25亿法郎，光是债务利息就消耗掉了近半的年度预算。

费里的小册子中有一篇铿锵有力的演说，其中体现出的强烈戏剧性和有力修辞性足以与爱弥尔·左拉的著名文章《我控诉》（*J'accuse*）* 相提并论，尤其是在阿尔弗雷德·德雷福斯被诬陷犯了叛国罪之后再回过头来看的时候：

> 我们控诉，他为了自己的任性和虚荣而牺牲巴黎的未来；我们控诉，他以一些实用性存疑或有限的工程吞噬了我们的子孙可以继承的一切；我们控诉，他强行将我们拉拽到灾难的边缘。这座城市已经借了3.98亿法郎却无法偿还。有这么多。3.98亿法郎怎么可能在没有经过立法机构商讨的情况下就允许被借入？巴黎还能够掌控自己的事务吗？还是说她早已力不从心？[4]

费里煽动性的演讲引爆了大众的激烈辩论，其中还夹杂着关于奥斯曼那常年吃苦受罪的妻子和情人的八卦。他的情人包括一

---

* 爱弥尔·左拉（1840—1902），法国小说家、剧作家、社会活动家，自然主义文学流派的领袖，代表作包括《小酒店》《萌芽》《娜娜》等。他也是法国政治解放进程的主要旗帜，为了替被诬陷的军官阿尔弗雷德·德雷福斯平反，在报纸上以“我控诉”为首句，发表了致总统的一封信。——译者注

名无足轻重的芭蕾舞演员和一位轻歌剧女高音。当然，还有更肮脏、更无底线的谣言，比如有人说，奥斯曼将他适龄的女儿法妮－瓦伦汀送去取悦皇帝。*

奥斯曼原本丝毫不屑于驳斥这些谣言。整个1869年，他都在以一种居高临下的威严为自己辩护，但这进一步激怒了他的反对者：

> 我在过去16年里所做的一切服务，牺牲了自己的利益、个人的品位、经年积累的友谊，甚至是家庭生活的乐趣，由此构筑了这样一座荣耀之都，我为此倾注了一切。因为这座首都，将是我的孩子从我这里得到的最好的遗产。[5]

他无所谓闲言碎语，因为他始终保持廉洁，在他的治下，从来没有任何见不得人的权钱交易。他的手是干净的，在应得的薪水、津贴和地位之外，他没有从改造项目中获取任何物质利益。有时候，他可能会借助会计师的某些伎俩来改变债务管理的方式，以便自己得以脱灾。但是，在大举改革的政治氛围下，人们要求更开放的议会、更自由的媒体权利、放松公共集会的禁令、加强各种关于财务审核与权力制衡的制度，这一切都让路易·拿破仑的发言权大大减弱。奥斯曼越发没有隐私，越发受到孤立。

奥斯曼已成为巴黎政治圈的一大负担，但他依然固执地保持

---

* 鉴于路易·拿破仑与他冷若冰霜的皇后欧仁妮之间显而易见的淡薄关系，巴黎人都热衷于拿路易·拿破仑的房事开涮，关于他和一些贵族小姐之间的绯闻也更加让人浮想联翩。

着足以自我毁灭的短浅目光：他拒绝向议会的权威妥协，甚至不愿意列席于此。他当然也不会轻易辞职。然而新政府坚持认为，他这种推倒一切的效率所付出的代价实在太高了，因此他必须成为牺牲品。奥斯曼在政府机构中始终不合群，独来独往，几乎没有盟友，只有些勉强的崇拜者。没有人喜欢他到能为他辩护的地步。因此，1870年1月，拿破仑三世在经过一场没有任何官方记录的长达两小时的私密会议后，不得不正式解雇了他。

第二天，法院在《每日公报》上刊载了一则消息，宣告奥斯曼被解除了塞纳省行政长官的职务，取而代之的将是罗讷河口省长官亨利·谢弗罗。正当奥斯曼痛苦地清理办公室时，由于某些行政人员的失误，他收到了一份官方信函，邀请塞纳省长官出席新议会大厦的盛大落成典礼。显然，这封信函本应送给谢弗罗，但奥斯曼决定将错就错。他穿上全套制服，挂上所有的奖牌，和随从人员一起乘着豪华的马车，从他一手改造的城市道路上扬长而过。在到达接待处后，他以一种浮夸的入场方式，让政治死敌们颇为难堪。在看似热情的鞠躬和虚伪的奉承中，他向那些一手操作将他赶走的政府大臣介绍自己的随行团队。如此轻蔑傲慢的姿态，正是他不受欢迎的原因。[6]

此时奥斯曼已经61岁，他回到自己位于尼斯附近的宅邸。几个月后，他与路易·拿破仑又进行了一次密谈，主题是他以另一种身份回归政府的可能性，但这次讨论没有任何结果。或许是意识到自己不可能再复制在巴黎的成就，他推掉了为罗马和伊斯坦布尔进行城市扩张规划的邀约。不过，他当然也不会闲着，而是去信贷银行的董事会干了几年。这家商业银行在其富有冒险精神的创始人佩雷尔兄弟破产后重建，而正是佩雷尔兄弟慷慨的借贷支撑了第二帝国的诸多项目。后来他又担任了科西嘉岛的代理参议长，主导推进了一项颇具个人风格的大胆计划：建设一条横穿山区、连接巴斯蒂亚和阿雅克肖的铁路。最终，他于1891年去世，享年81岁，葬在巴黎的拉雪兹神父公墓。他的名字依然如此引人愤恨，以至于没有一名政府代表出席他的葬礼。不过，比起伦敦那位擅长巴洛克风格的伟大建筑师克里斯托弗·雷恩爵士*，奥斯曼或许更配得上那著名的墓志铭——“若汝念我，仅需环顾四周。”[7]

奥斯曼被解雇的消息传开后，有的人感到释然，也有不少人表达了震惊和担忧：摆脱这个自负的暴吏或许是件好事，但那些进展很好、尚未完成的项目的命运又将如何？比如加尼叶的歌剧院。费利克斯·怀特赫斯特就是提问人之一，他天真地转变了态度，认为奥斯曼的离开令人伤感：

除了他自己，世界上还有谁能完成奥斯曼男爵这般详尽复

---

* 克里斯托弗·雷恩（1632—1723），英国建筑师、天文学家、数学家，出身于宗教世家，原是牛津大学的天文学教授。1666年伦敦大火让三分之二的城市被付之一炬，雷恩被选中重建伦敦最重要的教堂之一——圣保罗大教堂。他为此赴欧洲学习建筑，向意大利巴洛克大师贝尔尼尼取经。雷恩共为伦敦设计了52座教堂。他也曾提交重建整个伦敦的规划方案，但并未像奥斯曼那样得以实现。——译者注

下页图

奥斯曼的林荫大道上凄凉空旷的景色，暗示为什么巴黎人总是觉得这幅景象令人感到沮丧。

POUR LIVREES
SUTTON
TAILLEUR SPECIAL pour LIVREES

杂——哪怕不说精妙明智——的构想？如今，你也不能把巴黎扔下，让她的工程半途而废，但实际上这就是真正的结局。我们可以理解那些希望奥斯曼男爵从未执政的观点，如果他未曾出现，可能会省下一笔钱，巴黎也可能因此得救，但我们也必须承认，我们景仰万分的全新巴黎也将不复存在。老旧狭窄的街道……都会保留至今。我们不会拥有这些在政治和社会层面都颇为受用的林荫大道，有了这些宽阔的马路，巴黎不会再发生大规模的暴动或骚乱……不得不说，在我看来，失去奥斯曼先生将是巴黎的一大损失。他工作如此勤奋，受到过非常不公的待遇，但依然尽职地完成了他的所有任务，并且完成得十分完美。他的继任者或许也很出色，但他又怎能终止奥斯曼男爵开启的伟大工程？[8]

若从更长远的视角来看，"奥斯曼化"（如今学界如此称呼）的车轮将永不休止，而且这股力量将比奥斯曼本人更加强大。然而，与此同时，法兰西将以惊人的速度发生变迁，重写她的政治议程：人们关心的将不再是巴黎的表面文章，而是她的生死存亡。

* * * * * *

第二帝国的终结

“我们被卡在了夜壶里”

历史学家依然很难公允地评价路易·拿破仑。在他死后，没有人为他立起一座雕塑，他还因为某些未经核实的婚外情传闻而受到不公正的贬损。他的治理缺乏魅力和亮点，甚至性格也决定了他在后世的想象中无法成为神一般的存在。即便到了今天，法国人依然不确定是要歌颂还是贬低他：不同于他那位更强大、更有魅力的伯父——尽管专制倾向更强，却始终头顶英雄主义的光环——路易·拿破仑很少遭人厌恶，却也不可能让人喜爱。

他狡黠、精明，但不残暴、武断；他具有灵敏的政治嗅觉，总能在公众面前摆出宽容大度的姿态。尽管他有时浮夸自大，但从来不会显得挑衅或专横。他似乎也对法兰西的所想所需抱有持之以恒的明确认知。他天生就擅长保守秘密，因此总显得高深莫测、难以定义，这或许是他的微妙优点之一。他有原则吗？很难说。或许他的底线只是自己的生存，以及儿子路易的继承权。

不可否认的是，他在1851年策动的政变让这个躁动不安、怨声载道而又举步维艰的国家走向了稳定。他在国家治理中表现出的精明和决绝使法兰西获得了物质上的丰盈，尤其是巴黎，在奥斯曼的改造下呈现出一片繁荣兴盛的景象。综观整个国家、整个时代，很显然，有了在背后支撑的强有力的政府投资（尤其是在铁路建设领域）以及自由贸易的延伸，稳定的增长、高生产率、低失业率以及工资和生活水平的提高，这些现代经济梦寐以求的成果全都得以实现。

同样不可辩驳的是，对于社会地位较低的阶层来说，提升社会地位、改善生活境遇的机会仍然颇为渺茫：赤贫阶层即便获得了工作也依然穷困。继续住在城市中心的居民不得不承受房租高涨的严重打击，全家人慢慢挤到越发狭小的阁楼、地下室、走廊和楼梯间，而且这些住宅还面临着随时可能被奥斯曼拆除的命运。大部分新兴劳动阶层住在破旧的郊外棚户区。在大卫·哈维的《巴黎城记：现代性之都的诞生》（*Paris: Capital of Modernity*）一书中，他整理出一幅拼贴而成的景象：

> 一位1865年从洛林搬到巴黎的移民，和他的妻子与两个孩子一起，租住在巴黎外围的贝尔维尔街区的两间小房子里。他每天早晨5点离家，怀揣着几片面包，走上4英里来到市中心，然后连续14小时在一家纽扣厂工作。扣除房租后，他每天的固定工资只剩1法郎（1公斤面包就卖0.37法郎），因此他只能带一些计件零工给家里的妻子做。妻子每天工作好几个小时，得到的报酬微乎其微。当时流行的一句话是这样说的："活着，对一名工人来说，就是避免死亡。"[1]

雇员得不到任何法律保护：工会直到1865年才解禁；工厂肮脏、危险且缺乏监管；呼吸道疾病的发病率很高，工伤比例更是居高不下。做好你的工作，领到应得的钱，不喜欢也得忍着——这就是当时的雇佣道德。尽管巴黎未受教育的妇女构成了大约三分之一的劳动力，但她们的希望更加渺茫。那些需要照顾孩子或老人的女性，只能选择在家里做计件零工，就像哈维提到的那样，这种工作高度重复、无须脑力。没有子女的年轻女孩可以从事家政服务，她们中的极少数有幸成为售货员或餐厅服务员，而其他可能的选择无非就是洗衣工、缝纫工，还有成千上万误入歧途的少女沦为妓女。如果说慈善事业是一张残破的安全网，那么织成这张网的每根线都贯彻着天主教的教义，约束着善行。爱弥尔·左拉的小说《小酒店》（*L 'Assommoir*，1877）就揭露了这种事实。尽管此类小说在思想意识上并不领先，但却经过审慎的考察，对这种暗无天日的底层生活景象的描写基本属实，没有夸大的成分。

第二帝国只在一个重要的社会政策领域达成了能够显著影响中下阶层生活状态的成就：公立教育。1860年，路易·拿破仑开始在闲暇时间撰写一本尤利乌斯·恺撒的传记。出于显而易见的原因，这位古罗马政治家很令他着迷。在研究过程中，他咨询了维克多·杜卢伊——一位在亨利四世贵族学校教书的知名古典学者，曾在19世纪40年代出版了一部极其精彩并畅销的古罗马史书。杜卢伊是一名工人的儿子，相貌堂堂，是一位坚定的改革派、反教权支持者。他绝不是帝国独裁主义的拥护者。然而，路易·拿破仑以他一如既往的不可捉摸的行事方式，突然于1863年，在未曾询问杜卢伊本人意见的情况下任命他为公共教育部部长。起初，杜卢伊深感惊愕，但后来他还是接受了这一挑战，因为他意识到，自己有机会将他认为有害的教会影响逐步从普通青少年

维克多·杜卢伊，第二帝国后期的公共教育部长，该时期最真诚、最激进的改革者之一。

PIERRE PETIT

的教育中削弱。

尽管得到了路易·拿破仑的同意和支持，但事情并不像杜卢伊想象的那样简单：他所推行的每一项改革都遭到了天主教势力的强烈反对。不过，在他任职的6年时间里，针对低教育水平和高文盲率（巴黎有20%的人不会签自己的名字，在全国范围内这个数字则高达50%）所取得的改革成果还是颇为显著的。他推动了教师培训体系的革新，首次立法要求女孩接受初等义务教育，拓展了关于现代史和现代语言的学习课程，并为有需要的人提供更具实用意义的技术和职业培训。他的其他目标，例如要求女孩接受中等义务教育，将所有公立教育资源摆脱宗教化并免费开放等，都领先于他所处的时代，就连下一代人都难以实现。不过，维克多·杜卢伊绝对可以称得上这个时代真正的大英雄。路易·拿破仑理应因任命他而得到褒奖。[2]

虽然路易·拿破仑在政治上是个右派，但他的政权并不否定自由派的进步思想，也不排斥或阻碍创业与创新——因此，这一时期的法国工业与其竞争对手英格兰、德意志一样，充满活力，高歌猛进。该时期法国的技术进步包括铝的冶炼、人造黄油、彩色摄像、干电池、风钻、巴氏杀菌法还有冰箱的发展。而街头最引人注目的变化是早期自行车的出现。这种脚踏车的原型由木框架和钢圈轮制作，设计来自巴黎铁匠皮埃尔·米肖。然而这种自行车在骑行时让人极不舒适，直到19世纪60年代晚期，实心橡胶

震感十足的脚踏车作为现代自行车早期的粗糙形态曾风靡一时，
直到更精致舒适的橡胶轮胎自行车取而代之。

轮胎的发明大大增强了缓震效果，这种机器才突然流行起来。[3]

“自行车将走向前沿！”费利克斯·怀特赫斯特宣称。他预见了当代自行车车道的诞生：“如今已经出现了很多面向贵族的私立骑行训练学校，亲王、爵士还有王子们都在学习骑车……（并且）很快我们就能看到，在（布洛涅）森林里会出现一条‘自行车专用道’，这条几乎被遗弃的道路现今被骑士们用来练习骑术。”当时还出版了一本体育专题的杂志，读者得以从中了解到一场从巴黎到鲁昂的总赛程长达130千米的公路自行车赛的情况，一名选手以10小时40分钟的佳绩摘得桂冠。连路易·拿破仑的儿子都成了骑行的狂热爱好者——因为他那新潮而时髦的姑姑玛蒂尔德·波

拿巴公主，送给他一辆自行车作为13岁生日礼物。更重要的是，怀特赫斯特预见了一个自行车将从贵族玩具演变为大众交通工具的时代。他说，人们将不屑一顾地掠过那些排队等公交车的人，骑着车穿过巴黎的大街小巷去上班。[4]

* * *

自从俾斯麦领导下的普鲁士人在1866年的萨多瓦战役中击败奥地利人，巩固了其对德意志帝国的控制，并通过让法国在维也纳的潜在盟友走向中立而打破了欧洲的势力平衡以来，外交界就已心知肚明，法兰西和普鲁士难免一战。但双方都准备好作战了吗？法国军队显然还没有。他们骄傲自满、装备落后，战术水平也很弱，而且军备大多已经过时或损坏了。他们对秘密研发的早期机关枪（一种能够快速发射的老式机枪）充满希望，却对它们在实战中的表现深感失望。很少有人注意到运用铁路来高效运送军队的新思想。甚至军队编制都已用尽，原因是担心新征入伍的士兵会难以管理，引发叛乱。普鲁士人悉心研究的战争科学在法国人眼中上不了台面，甚至粗俗无比。高级军官仍被精英军事学校灌输着古旧的蛮勇和骑士精神。“我们总会挺过去的！”这就是将军们耸耸肩漫不经心地提出的战斗口号。[5]

当战争议程无情地上升至议会最重要的议题时，第二帝国的国内前景变得不再明朗。面对共和派和复辟派日益高涨的反对意见，路易·拿破仑决定，最好的方式就是牺牲一些边缘地区，以维持他对中心的统治。他依然信赖选民的忠诚度，于是谨慎地同意了民主自由，放松了审查制度。然而，这些看似好意的姿态并没有得到预期的回报。在1869年的公开选举中，由于没有了过去那些为帝国利益服务的唬吓、舞弊和“不端行为”，最终当选的执政政府的选票优势大大减少。新任首相是温和的改革派埃米尔·奥利维耶。路易·拿破仑进一步放大了议会的权力和特权，将其标榜为一个“自由帝国”。对右派而言这已越过了底线，对左派而言又远远不够。1870年1月发生的事件让两派的交锋到达了顶点——路易·拿破仑那不逊的侄子皮埃尔·波拿巴亲王，因为一次轻微的口角枪杀了一位颇有人缘的共和党记者维克托·努瓦尔。努瓦尔的葬礼演变为一场愤怒的政治集会，据说有20万人参加。而在一场非正式的审判之后，皮埃尔·波拿巴以“他当时被激怒了”这样站不住脚的理由被无罪释放——左派的怒火终于被引爆了。

不过，此后不久举行的一场全民公投中，路易·拿破仑依然惊人地取得82%的支持率：对大多数法国人而言，帝国的持续就代表着稳定和就业。问题是，路易·拿破仑及其新的自由主义政权如何能够加强统治？唯一的答案就是击败外部对手——最好是借由一场精彩的外交胜利，而下策才是通过战争取胜。

拿破仑三世在外交领域的声誉并不太好。法国一直在意大利统一的过程中暗中干涉，尽管这为法国从皮埃蒙特分得了尼斯和

下页图
《巴黎的工作日》，德国现实主义画家阿道夫·门采尔绘于1869年。

MAIS

萨伏依地区，但此举无疑惹怒了欧洲其他势力。法国随后对墨西哥的干涉非但没有带来任何好处，反而成了一场彻头彻尾的灾难。路易·拿破仑错误地尝试在美洲重建政治势力及贸易基础，于是对这个治理混乱的国家进行了政治干预，支持墨西哥君主政体复辟，扶持奥地利的马克西米利安大公为傀儡皇帝。尽管马克西米利安是一位温和、迷人、怀抱善意的进步分子，但他与本土共和党人以及他们的美国同盟相处得很差。来自白宫的压力迫使路易·拿破仑撤走了法国的保护驻军，马克西米利安因此更加孤立无援。他坚决不愿抛弃自己的追随者，继续捍卫自己的政权，直到他本人在一次政变之后被共和党人逮捕。尽管国际上的抗议与对他进行宽大处理的请愿声不绝于耳，马克西米利安最终还是惨遭枪决。这一事件深深震撼了法兰西，后来还成了马奈*的画作主题。刚刚获得发言权的法国议会也对此进行了猛烈抨击——“还有什么比这更致命的错误吗！”阿道夫·梯也尔如此说道。他是路易·拿破仑的公开批评者，并且颇具影响力。[6]但是，梯也尔这句话还是说错了：接下来发生的事将会是更严重的误判——法兰西会落入强大的普鲁士首相奥托·冯·俾斯麦的如意算盘之中，他的野心就是统一所有的德意志国家，让它们牢牢地处于自己的掌控之下。

西班牙国王去世之时并未留下任何子嗣，所以普鲁士人决定

* 爱德华·马奈（1832—1883），法国画家、印象派的奠基人之一。此处提及的应该是马奈于1867—1869年创作的系列画作《墨西哥皇帝马克西米利安的枪决》。——译者注

试试运气，从他们的霍亨索伦皇室家族中推荐一个人去继承王位。之所以有这种奇想，是因为俾斯麦坚信欧洲已经容不下一个日益膨胀的法兰西。尤其让俾斯麦感到愤怒的是，路易·拿破仑支持不断在普鲁士东部边境制造动荡的波兰民族主义者。俾斯麦也认为他对赔偿的要求合理合法，原因是路易·拿破仑在1860年意大利统一战争后拿到了尼斯和萨伏依地区作为补偿。[7]

如今轮到法国紧张了：若是霍亨索伦家族在马德里加冕，就意味着普鲁士人获得了通往大西洋和地中海的入口，并能够越过比利牛斯山脉直抵法国的南部边境。这触动了法国自17世纪与西班牙哈布斯堡皇室之间发生血腥战争以来所遗留的敏感神经：大部分法国人对此事的反应都是大为愤慨，而路易·拿破仑却认为他应该利用这个机会。一旦普鲁士人在西班牙得逞，谁知道他们有没有胆量来打作为缓冲区的比利时的主意呢？

普鲁士人当然只是虚张声势，试图激怒法国而已：他们并不真的对西班牙感兴趣，所以悄悄放弃了让霍亨索伦家族去竞争王位的计划，但他们对战胜法国的兴趣是货真价实的。法国外交大使被派往温泉小镇巴德埃姆斯——普鲁士国王的温泉疗养地，要求普鲁士进一步让步（包括承诺永久放弃对西班牙主权的任何企图）。威廉皇帝礼貌但坚决地拒绝了这些要求。后来，一封精心编写的电报在“秘密地”发送给俾斯麦时，却发生了今天所谓的“泄密”事件，还“碰巧”被媒体曝光，这就是著名的“埃姆斯电报”。从电报的语气来看，仿佛是法国大使遭到了轻蔑羞辱，这让法国人的荣誉感遭受了极大的打击。

尽管首相埃米尔·奥利维耶热爱和平，并提出削减军事预算，但此时大部分法国人已开始摩拳擦掌。当时的普遍观点是，既然普鲁士人想打一仗，那他们就奉陪到底，法国大部分地区也因此处于武装戒备状态。此时，路易·拿破仑已经62岁，行动迟缓、身体肥胖，因长期深受尿道感染以及难以医治的胆结石的折磨而疲惫虚弱。他想必意识到自己已经时日无多：如果他想为心爱的15岁儿子路易保卫帝国的江山，就不得不迎难而上，亲自率军去打这一场荣耀之战。[8]

他的军事指挥官都声称已做好了战斗的准备，而外交官们则指望奥地利人能加入战争，为萨多瓦之战复仇（在那场战役中，法国人保持了中立，他们一方面因马克西米利安的背叛而愤怒，另一方面也猜想俾斯麦会给自己更多好处）。好战的欧仁妮更是斗志满满，大部分媒体及公众也是如此，以至于政府层面的任何谨慎建议以及反对声都遭到了无视。战争贷款得到投票通过，慷慨激昂的《马赛曲》在大街小巷高声奏响——长期以来，这首歌因过于激进并极具煽动性而遭到禁播。大街上旗帜飘扬，群众欢呼着送别即将出征的将士。

当法国军队在边境城市萨尔布吕肯一场微不足道的遭遇战中战胜普鲁士人时，媒体的报道让人觉得这仿佛就是最终大决战，整个巴黎都为之振奋。但是新闻很快变得悲观，敌人通过铁路运送军队占得了先手，分别在维桑堡（1870年8月4日）、斯皮舍朗

（8月5日）和弗罗埃斯克维莱（8月6日）三场战役中打败法国军队，而这很难在报道中一笔带过。夸张的谣言和辟谣此起彼伏，加重了恐慌的气氛。事实是，阿尔萨斯已经沦陷，洛林也命悬一线。聪明人都知道，法兰西快要走到头了。“除非出现奇迹，不然我们输定了。”剧作家卢多维奇·阿莱维在日记中写道，“这就是帝国的末日。人们或许并不在意，但倘若这也是法兰西的末日呢？”“我们的祖国理应受罚，我担心这个惩罚即将到来，”悲观的作家古斯塔夫·福楼拜在写给乔治·桑的信件中如此嗟叹，“普鲁士人是对的。我们正进入最深不见底的黑暗之中。”[9]

有些事情很快就变得明朗起来：法国军队并未做好战斗准备，甚至还差得很远。当法国军队迟缓地穿过阿尔萨斯向东北边境挺进时，他们才发现军队面临着很多关键物资的匮乏：除了地图、烤面包炉、马刺这些必需品之外，连弹药供给都严重不足。他们的军备根本达不到这场战争所需的级别：老式机枪的储备本就不够，更别提它们还时不时地出现机械故障的问题了。执掌帅印的路易·拿破仑显得无精打采、了无生气，甚至还露出了怯态，他那两名同样老迈的指挥官巴赞与麦克马洪则为了具体战术争吵不休。与此同时，普鲁士的战争机器还在平稳地高速运转，俾斯麦还成功赢得了其他德意志国家的支持。普鲁士的军队训练有素、组织严密、纪律严明，每个成员都在单一有效的指令链条中各司其职，其背后还有一系列无缝的供给链和重工业资源的支持——包括早在三年前的巴黎世博会上就已惊艳亮相的强大的克虏伯大炮。

8月18日，法国人遭遇了第一场决定性失败。在格拉韦洛特遭遇大败后，巴赞指挥的军队正退往梅茨，不料却遭到15万普鲁士士兵的伏击。为了解救巴赞，路易·拿破仑与麦克马洪也陷入类似的困境——在博蒙大败后，他们退往色当，却被普鲁士军队轻而易举地围剿。一位指挥官直截了当地承认："我们被卡在了夜壶里，他们就要往我们头上便溺了。"他们确实损失惨重。紧接着发生于9月1日的色当战役，意料之中地成为法兰西的灭顶之灾。撑到傍晚之后，路易·拿破仑下令举白旗投降，通红的双颊遮掩了他吓得惨白的面色。"我简直求死不得。"他耸耸肩说，随后就给普鲁士国王发了一封信件："我的军队苟且存活下来，我如今一无所有，只能向您递上我的军剑。"

在与俾斯麦进行了简短谈判，并被允许不用穿过自己被击败的军队、在自己的士兵面前受辱后，路易·拿破仑成了战俘，被软禁在一座临时征用的城堡中，直到双方达成一份令人满意的和平条款为止。接着，路易·拿破仑带着他那惯常的沉着冷静准备就寝，在读了几页爱德华·鲍沃尔－李敦的历史小说后，便沉沉地进入了梦乡。[10]

两天后，经历了数周疯狂暴乱的巴黎见证了临时国防政府的成立，第二帝国在皇帝无须正式退位的情况下便退出了历史舞台。欧仁妮从卢浮宫的一道后门逃离了杜伊勒里宫，躲在一名同情她

普鲁士首相、日后的德意志帝国首任宰相奥托·冯·俾斯麦的肖像，绘制于他诱使法国陷入灾难性战争的年代。

的美国牙医家中，伪装成一个被人从收容所里运送出来的疯子，然后像之前的查理十世与路易－菲利普一样，偷偷地从多维尔穿越海峡，逃往英格兰。

经过一段时间的软禁之后，路易·拿破仑最终被普鲁士人释放，并获准去英国找欧仁妮。两人随后定居在肯特郡的小镇奇斯尔赫斯特，租下一栋相对简朴的住宅——如今这里已经改建成一家高尔夫俱乐部。1873年，路易·拿破仑于穷困中去世，他最爱的儿子路路亲王也在6年后的祖鲁战争*期间战死。至此，波拿巴王朝的直系血脉已经断绝。欧仁妮皇后坚强地活到了1920年，享年94岁。她甚至目睹了第一次世界大战的结束，看到了法国人从普鲁士人那里夺回1870年失去的疆土。[11]

* 祖鲁战争，1879年大英帝国与南非祖鲁王国之间的战争，是英国在南非殖民侵略统治的标志性事件。战争之后，祖鲁王国覆灭。——译者注

* * * * * *

巴黎内战

"为人民让路"

这场剧变让全世界都看得目瞪口呆。新教国家基本都站在普鲁士人这一边，他们的严肃勤勉与法国人的浮夸形成鲜明对比。乔治·艾略特说，“我为法兰西遭受的苦难深感遗憾”，并写下了这段著名的话：

但我认为，这些苦难可能比胜利更有利于人民的道德福祉……尽管战争是由这个不负责任的政府引来的，但在大部分法国人民中却滋生出了一种对自私、傲慢的邪恶颂扬，就像所有其他自负一样，这实际上是一种愚蠢，看不到任何在他们自己徒劳的空想之外真实存在的一切。[1]

英国、奥地利和俄国都拒绝在外交或军事层面介入：法兰西只能为自己的愚蠢埋单。

舆论的风向会变，但现在还没到时候。1870年9月初那段时间，巴黎人始终处于一种精神分裂般的狂乱状态下——一半是对普鲁士人接下来的行动感到担忧，另一半是对帝国的崩塌和共和政体的恢复进行庆祝。《悲惨世界》的作者、法国人最尊敬的道德家维克多·雨果为了表达对路易·拿破仑政权的抗议，在海峡群岛自我放逐19年，现在终于回到巴黎。他在巴黎北站得到英雄凯旋般的欢呼迎接，仿佛他的归来宣告着自由、平等与博爱的胜利。有些人觉得巴黎不可能遭到围城攻伐，而另一些人则认为这已近在咫尺。

但是，随着普鲁士人以摧枯拉朽之势从东向西无情地推进，兼任新共和国总统及巴黎总督的特罗胥将军不得不调动国民自卫军来守卫首都。这支30万人的军队从各行各业临时征召组建，只受过基本的军事训练，但他们却要镇守巴黎强有力的防御工事——一道10米高的雄厚城墙、近100座堡垒以及一道深深的沟渠，在它的另一侧还有16座独立要塞。这些工事组成了一道总长超过40千米的环形屏障。但对这支军队而言，哪怕给他们提供最基本的武装，也是巨大的风险，因为左翼的红色派系在工人阶级中不断散播不满情绪，鼓动他们提出诉求，所以这支队伍对新政府的忠诚是很难保证的。

9月19日，普鲁士人将整座城市围得密不透风，坐等巴黎人投降。信件只能通过热气球或信鸽来传递，所有的出口通道都被封锁——由于美国人依然和普鲁士人保持着外交关系，所以他们的公使馆设法组织最后一批外国公民撤出了巴黎。俾斯麦坚持要求法国无条件投降，并割让阿尔萨斯和洛林，拒绝一切和谈请求。时任法国副总理的儒勒·法夫尔满眼热泪地朝他怒吼："你这是要毁灭法兰西！"可俾斯麦只是冷漠地吐出一个烟圈作为回应。

随着同样遭到围攻的梅茨沦陷，巴黎人指望巴赞的军队前来营救的幻想也宣告破灭。伤亡人数之高令人难以置信：到了10月底，大部分法国士兵要么被仓促地埋在阿尔萨斯、洛林或香槟地区，要么在战俘营中慢慢腐烂。在向南部突围惨遭失败，无法再与奥尔良地区附近的法国军队会合之后，首都的士气再度暴跌，已至谷底。在享受完第二帝国那充斥着亢奋与奢华的狂欢时代之

后，巴黎人如今遭受着种种令人不适的折磨——他们担心冬季到来之后，如果情况再不发生改变，并且开始炮击的话，他们将面临怎样的境遇。

到了12月，温度降至冰点以下，燃料变得极其昂贵。食物供给已严重不足，只有一种库存充足却毫无用处的产品——科尔曼芥末酱。尽管之前官方宣称面粉的存量取之不竭，但此时面包也已开始定量供给。除了马匹，就连猫、狗，甚至动物园里倒霉的骆驼和大象都被宰杀作为肉类补给。街道上的垃圾堆积如山，死亡率也随着疾病在羸弱的穷人群体中传播而冲破了警戒线——一次天花的暴发就导致超过1000人死亡。

12月27日，普鲁士人进一步施压，开始胡乱发射炮弹。尽管当时的炸药威力通常只能制造噪声而非形成致命威胁，这次炮击还是造成了巴黎所处境地的恶化，加深了城市防御的无助。特罗胥将军作为巴黎的行政长官，以及图尔市脆弱而分裂的临时政府的总负责人，依然高调宣称要抵抗到底。然而，嘴上说说并没用。他宣称“胸有成竹”，可相信他的人却越来越少，尤其是在又一次试图从西部突围的尝试宣告失败之后。那些饱受煎熬、饥肠辘辘、忧心忡忡的群众已受够了临时政府，他们不可避免地受到左派势力的吸引与鼓动，要求出台新的政策。墙上贴满了传单：

这个担负着国防重任的临时政府完成它的使命了吗？没

“巴黎之围”为数不多的存留下来的照片之一。在此期间，人们试图利用热气球来突破敌人的包围圈，传递信件。

有！……领导者的迟钝、寡断和消极，已将我们推到悬崖边缘。他们既不知道如何管理，也不知道如何战斗……作为帝国的继任者，九四革命*以来的临时政府的政策、战略和治理都完全失败。向人民投降！向公社投降！

公社思想迅速传播壮大——这是一个激进的民主独立政府组织，由巴黎人民组成，为巴黎人民服务。公社中尽是愿意随时冲向普鲁士防线的勇夫——只要能够打破这日复一日、永不休止的紧张状态。正在防守城墙的那支业余的国民自卫军比想象中更加无能，每天都被曝光酗酒和玩忽职守的丑闻。而且，这些士兵大多还装备了步枪、刺刀和手枪，有些人甚至可以接触到更重型的武器以及炸药，这让他们具有潜在的威胁性。

1871年1月，这场悲剧到达了灾难性的高潮。普鲁士人在勒芒附近再次重创法国军队，对巴黎的炮轰也更加猛烈。凭借着自身已至巅峰的声望，俾斯麦在被自己所占领的凡尔赛宫实现了最重要的目标——将所有天主教和新教德意志城邦统一为一个由普鲁士领导的新国家。1月18日，德意志第二帝国的创立典礼在路易十四的镜厅隆重举行。普鲁士威廉国王加冕为皇帝，俾斯麦成为他的“铁血宰相”。这对法兰西的侮辱已到了无以复加的地步。

冷漠而虔诚的特罗胥将军此时宣称，巴黎的主保圣人圣日内维耶已向他显灵，承诺会在最后一刻拯救巴黎，然而这并不足以

---

* 九四革命，即1870年普法战争失败后，巴黎人民为推翻法兰西第二帝国发动的革命。——译者注

拯救他自己。“我就是当下巴黎的救世主。”当内阁坚持要求他辞职时，他还如此哀叹。[2]当自卫军中的不满分子围攻马扎斯监狱，释放了他们的一些革命同志后，平衡终于被打破。数千人游行到巴黎市政厅，要求改朝换代：其中最好战的是一位令人胆寒的女性主义者和无政府主义者——路易丝·米歇尔，她像圣女贞德一样穿着男性军装。随着冲突加剧，混乱爆发，叫喊声此起彼伏，警察胡乱开枪，在混乱中杀死了5名抗议者。看起来，一场势不可当的暴动，甚至是又一场革命已经在所难免，饥荒更为这股势头火上浇油。政府别无选择，只能提议停战，与俾斯麦言和。但问题是，这只是控制着巴黎的内阁做出的秘密决定，并未通过以图尔市为大本营的国民政府。况且，巴黎人民并不想投降：随着对城市的炮击持续加剧，群众发狂地咆哮、怒吼，发出雷鸣般的抗议声，誓死抵抗。

通过普鲁士前哨的密报，巴黎政府与普鲁士人达成了短暂的停战协议。巴黎的代理总统儒勒·法夫尔安全地逃出巴黎，偷偷坐船顺着塞纳河前往俾斯麦位于凡尔赛的指挥部。在一段各自惯常的虚张声势、故作姿态之后，双方就停战条款达成了协议。普鲁士人将得到2亿法郎的赔款；巴黎外围的要塞驻军将全部投降；除军官保留佩剑外，城市中的法国正规军全部缴械。幸运的是，法夫尔得到了一个关键让步：所有战俘都不会被带离法国，并且，为了防止暴乱或者更糟的情况发生，自卫军得以留下七零八落的来复枪、步枪和手枪。1月26日午夜，为了给法国留个面子，巴黎获准在停战前朝夜空中发射最后一发炮弹，然后一切都安静了下来。

第二天早晨，公告发布。法国残余部队依然被围困在海岸，根本没有希望来为巴黎解围，基本的应急食品供给显然也已耗尽。“在这种情况下，政府的职责无疑就是谈判。”换句话说，巴黎已经陷落，如今只能等待审判的到来。

神秘的是，在没有任何公开补给的情况下，巴黎街头的食品供给迅速恢复，价格也随之下降——这意味着食品库存得到了数目可观的补给。在接下来几周内，铁道线路重新运行，煤气供应也恢复了。外国记者进入城市中，报道称“对这场围城的恐怖描述明显是夸大其词”。然而，他们能看到多少？[3]在资产阶级聚集的“奥斯曼化”的城市西区，人们早已厌倦了战争，渴望回归正常；而无产阶级生活的东区则挤满了被奥斯曼改造吸引至此的移民工人，他们大多生活窘迫且面临失业，情况远没有那么乐观。[4]

政治上，此时的首要事务是建立一个在法律上有权进行和平条约协商的政府。然而由于巴黎内外派系纷争激烈，这并不容易。2月初的选举最终选出了一届保守派政府，领导人是冷酷、精明、工于算计的梯也尔。他在图尔市躲过了巴黎的围城战，对于首都人民经历的一切没什么切身体会，更重要的是，他低估了左翼分子顽强的斗争精神，他们绝不会同意和普鲁士人签订任何卖国条约，并且始终怀疑政府在和平谈判中拿出的筹码很可能对法国来说是一种耻辱（例如割地或赔款）。因此，为了警告政府，也为了宣明意图，一群自卫军士兵结伙将公众筹款订购的、用于防卫的数百门大炮转移至蒙马特和贝尔维尔的“安全”场所。同一天，一群暴民在巴士底广场以私刑处置了一名警方间谍，将其拖至塞纳河畔勒紧溺死。

接着，政府公布了拟定的和平条款：法国将阿尔萨斯和洛林割让给德意志帝国，并支付50亿法郎的巨额赔款（以5法郎的硬币计算，若将这笔钱垒起来将是一根高达2500千米的“钱柱”）。然而最让巴黎人感到愤慨的是一条附加条款：允许3万名普鲁士军队象征性地进驻巴黎市中心，直到议会投票通过这些和平条款。

所有人——除了酒鬼和顽童之外——都仿佛屏住了呼吸，遵纪守法地度过了1871年3月1日—2日这恐怖的48小时。街道上空空荡荡，凯旋门被封锁，没有任何报纸出版，公共汽车都停止了运营，商店门窗紧闭，街头的法国英雄雕塑都被蒙上了黑纱。在布洛涅森林，德意志国王庄严地检阅军队，目送他们排着整齐的阵列，穿过香榭丽舍大道，向协和广场进发。俾斯麦甚至还放肆地向一名法国人借火，然后像往常一样镇定自若地抽起雪茄。紧接着，士兵们开始闲庭信步地在巴黎四处参观。第二天，他们甚至和一些大胆出门、好奇心颇强的当地人攀谈起来。3月3日，和平协议通过，普鲁士人以与两天前同样训练有素的状态撤出巴黎。

下页图

巴黎公社时期设置起的路障。请注意图中妇女与儿童的出现。

尽管一切看上去风平浪静，但巴黎人早已因国家的战败而受到了深深的羞辱。

俾斯麦离开后，梯也尔迁入凡尔赛宫，想着必须将一切麻烦扼杀在襁褓之中，然而他的右翼政府却误读了巴黎人的情绪，变本加厉地加强审查和监管。一系列严苛的经济措施随之出台，旨在提高税收来支付第一笔巨额赔偿。国民自卫军的日常津贴也被取消，这让很多士兵沦为赤贫。而真正引发众怒的是政府下令允许正规军征用自卫军所珍视的大炮。3月18日，试图征用大炮的军事行动遭到惨败：自卫军誓死守卫这些理应属于巴黎人民的财产，梯也尔的军队内部也发生哗变。革命的红旗四处飘扬，两名将军被俘后惨遭枪杀。[5]

梯也尔担心局势不断激化，便撤出了所有军队，将巴黎弃于无政府状态下——几天内，暴徒们引发骚乱，肆意劫掠，街道上布满街垒，公共建筑皆被占领和洗劫。人们都看不清眼下在发生什么，更不知道将来要怎么办：城中有些区域看似平静无事，其他区域则时刻处在暴力的肆虐和无法无天的动乱之中。只有自卫军成立的一个岌岌可危、财力薄弱的中央委员会在试图以自身的能力维持秩序，尽力让部分派系维持脆弱的统一。随后，经过一场对工人区有利的比例选举，一个由工人代表组成的自治政府在3月28日正式宣告成立——这就是巴黎公社。

巴黎无产阶级突然夺权，抢回了被路易·拿破仑和奥斯曼的大清洗以及普鲁士人所剥夺的一切。一年前，恐怕连最浪漫主义的革命者都无法预想此事的发生。不出意料，巴黎公社在接下来的几周所做的或准备执行的一切，都弥漫着一种难以根除的不安全感。公社能够持续多久？这是他们面对的一个无法言喻、不敢想象却又无法避免的问题。他们仿佛站在悬崖边缘，脚下的土地在激烈震颤，他们却无处可逃。

1871年3月28日正式就职的64人全都是左翼理想主义者；另外21位当选的温和派则几乎立刻就辞职了，因为他们无法忍受联合或协作。在剩下的人里，一半是工匠出身，超过一半的年龄在33岁以下。他们当中只有四分之一出生在巴黎，18人来自中产阶级，只有一小部分是知识分子，甚至还有一些是近乎疯狂的怪人。在这些人中，鲜有人听过卡尔·马克思的名字，更别提他的学说了。相反，他们支持各类社会主义学说：有些是不着边际的神秘主义，有些是激进的无神论，但几乎所有学说都激烈地反对天主教教义（一个爱开玩笑的人甚至提前半个世纪就“预言”了达达主义的诞生——他在一尊圣母马利亚雕塑的嘴中塞进了一根水管）。作为一个组织，公社被他们的敌人和媒体视为腐败的机会主义者和凶残的恶棍，但若要拿出证据，最多只能说，他们中大部分人的真诚都是不可救药的天真。他们显然不至于腐败——公社的账簿中记录着每一分钱的花销。

公社没有领袖——他们信奉绝对的民主政治。这也意味着，公社缺乏明确的决策，反而充斥着毫无结果的会议、辩论和摩擦。反对声日益高涨，却没人能够巩固整体的地位，每个人都对当下应该优先考虑的事务有着不同的想法。有些天真的高尚思想是公社最初的纲领，借用在公社失败后创作的《国际歌》来形容便是："起来，饥寒交迫的奴隶！要为真理而斗争！不要说我们一无所有。"这仿佛是为世界末日谱写的赞歌。一时间，封建权威被推下王座，温顺而谦卑的人却被尊崇，世界似乎正在发生翻天覆地的变化。当局宣布，延迟债务和房租支付，主张救助穷人，鼓励建立工人阶级合作组织，拓展女性权益。然而由于缺乏严格的次级组织机构，这些措施大多没有得到很好的检验，乃至于很难实施。而且自相矛盾的是，由于全国处于紧急状态，基本的宪法自由也被束之高阁：所有人都被要求强制登记身份证件，还有一条法律含糊其词地规定："凡被怀疑与凡尔赛政府串通勾结者，可被立刻定罪和监禁。"换言之，任何人都可能因莫须有的罪名遭到关押。对间谍和"第五纵队"的恐慌想象就像今天的假新闻一样猖獗传播。然而他们必须警惕起来，因为凡尔赛政府正从郊区的山上轰炸巴黎市区。人们也都听闻，对方正在酝酿一场大规模袭击。

梯也尔并不着急。此刻他已明白，巴黎的"叛逆病"是一种癌症，需要细致的"手术治疗"，而他的政府团队几乎和公社一样年轻脆弱，他并没有信心处理好这一难题。他无法承受又一次的失败，因此在接下来的几周内，他专心制定战术，充实物资和装备，并为自己那饱受打击的军队灌输忠诚与士气。

他若有胆量再等一段时间，公社或许就会分裂到自我瓦解的地步。到了4月中旬，公社的高涨动力日益枯竭，普通民众怨声载道，显然政府承诺的美好未来还远远看不到。经济依然深陷泥潭，就业岗位严重不足，人们只能四处游荡，谈论最新的谣言，士气日衰。辞职的温和派所空出的选区进行的补选票数低到令人沮丧，虽然农产品进入巴黎并不困难，但巴黎的食品价格依然在飙升。很多公社成员因为叛国或包庇间谍等诽谤指控而不得不辞职。公社内部争论不休，只有共济会有胆量对凡尔赛派进行一些无足轻重的安抚。巴黎城外的法国人都祈祷能找到一个和解妥协的方案。显然，双方各有对错，而且就算没有同胞残杀这种恐怖之事，血也流得够多了。

由公社不断扩容的中央委员会及政治团体所提出的立法提案变得越发疯狂：强制教授一种通用语言，清除娼妓业，废除所有头衔和制服。而最荒唐的是，旺多姆广场上的凯旋柱在5月16日被拆除——它本是纪念拿破仑的胜利及现代法国的辉煌。这一举动是毫无意义的象征性姿态，不仅惹怒了老兵，也使公社拥护者看起来都成了蓄意破坏文化遗产的人。更让人产生对间谍和背叛的妄想与猜忌的是，第二天战神广场的军械库发生了一场不明原因的爆炸，数百万枚子弹在雷鸣般的巨响中被摧毁，大量火药被引爆，整座城市笼罩着滚滚浓烟。

5月22日，公社的丧钟还是被敲响了——13万名秩序井然的凡尔赛政府军冲破巴黎城墙，在24小时内就占据了城市西部，并开始不紧不慢地对公社革命阵地、东北部的蒙马特及贝尔维尔发动总攻。一开始，他们几乎没遇到什么阻碍：公社并不具备足以抵御进攻的强有力的军事领导或战术计划。大街小巷中竖立的街垒都被逐一掀翻。在无产阶级人群中传播的为了建设最后防线而分发的传单上，不难看出一种近乎歇斯底里的绝望："为人民让路，为斗士让路，为赤手空拳的人让路！人民并没有精妙的战术，但只要他们手中有武器，只要他们脚下有路，就不会惧怕任何政府军的手段。巴黎的公民们，武装起来！"

有些人寄希望于凡尔赛政府的军队能够一致倒戈，回到他们真正的兄弟姐妹的阵营之中。但这些军人训练有素、物资丰厚，对于即将失败的一方的呼唤无动于衷。他们以不可阻挡之势席卷奥斯曼修建的一条条宽阔大道。梯也尔对议会成员信口空谈，宣布任何清洗都将"依法、遵法"执行。可真实的命令是：把他们全都枪毙。

接着就是满城大火。巴黎右岸几乎所有的纪念性建筑——皇宫、杜伊勒里宫、政府部门、警察总署、百货商店、哥白林挂毯工厂等，都被熊熊燃烧的火焰吞没。同样被摧毁的还有巴黎市政厅，对历史学家而言，这座建筑本身以及与奥斯曼大改造项目相关的大量文件被烧毁，无疑算得上一大损失。这一灾难的目击者——美国牧师威廉·吉布森回忆道："眼前的场景让人联想到《启示录》第18章中的某些片段。"有些报纸宣称，罪魁祸首是带着石蜡油罐和火柴，由下等的堕落妇女组成的团伙，然而这个被媒体称作"汽油女"的神秘团伙始终没有落网。无论是意外还是蓄谋，巴黎的大火都将如世界末日的启示般燃烧数日之久。

随着所有道德边界的消失，任何假借司法判决的官方正义都变得毫无意义：一个人的生死，或许只是另一个人转念之间做出的决定。作为对凡尔赛政府屠杀囚犯的报复，公社枪杀了六名被扣为人质的神职人员——包括巴黎大主教，但他很快就成了广受哀悼的殉道者。混乱并未停歇。任何理性报复的空口托词，很快都演变为疯狂的肆意杀戮，双方对于投降者都未存任何怜悯之心。公社又枪杀了51名人质，其中一具尸体被发现身中69颗子弹；凡尔赛政府则从玛德琳教堂的避难所中拖出了300位平民，将他们全部杀害。其中一个典型的悲剧结局发生在托尼·莫林身上——一位无私的医生、全身心的社会主义者，曾在他的一本乌托邦著作中构想了2000年时巴黎的样子（一个拥有完善的社会住宅和空中铁路体系的美丽新世界）。作为巴黎某行政区区长，他被传唤到简易军事法庭，并被判处死刑——并非因为任何实质性的罪状，而仅仅因为他背负着左派的名声。法官还“仁慈地”允许他缓刑12小时，与他身怀六甲的女友露西完婚，之后便将他在卢森堡公园处死。

之后的几天仍如同梦魇。147名公社成员在拉雪兹神父公墓的一堵墙前被机枪扫射处死，如今这堵墙被称作“巴黎公社社员墙”。在其他地方，囚犯被分成20人一组，每组排成一列，在军营、火车站、学校操场甚至公共广场上被草率处决。圣叙尔皮斯的一所医院遭到轰击。据说，特罗卡德罗广场上堆积了上千具尸体，还有300具尸体被抛入奥斯曼在肖蒙山丘建造的公园中的一片风景优美的人工湖，这些尸体经过数天浸泡，腐烂不堪，这才不得不被捞出，扔在一个恶臭的火葬堆中焚烧。成群的难民试图从各个方向逃离这座炼狱般的城市，但所有逃跑路线都遭到封锁。这些无辜的平民，包括数千名失去父母的儿童，都被送往郊区的大型集中营，所有人都猜想，等待他们的是一支行刑队。

这场为期一周的大屠杀，比法国历史上的任何悲剧都更惨烈，后人称其为“流血周”，死亡数字至今仍有争议，凡尔赛政府承认造成17000人殒命，而保守估计这个数字至少要增加3000人。接下来就是粗野的、压迫式的法律制裁。平民中涌出了38万封相互揭发罪状的信件，约40000名与公社有关的人士遭到逮捕，在经过4年的敷衍审查后，13000人被定罪。其中，23人被判枪杀或被推上断头台，251人被判终身劳改，还有约5000人被送往新喀里多尼亚的热带恐怖地区。文明世界皆因这些非法法庭活动感到目瞪口呆，英国首相格莱斯顿*也断然拒绝将逃到英格兰的公社成员引渡回法国。[6]

人们都说，这或许是巴黎的报应：这个铺张、堕落以至于自我放纵的城市，一直受到性病、酗酒和民主这些波希米亚式恶魔的毒害。第二帝国一直纵容所谓的道德没落，巴黎公社就是自酿的结果。著名宗教学家欧内斯特·勒南在《法兰西知识与道德改革》一书中指出，法国这个国家有很多需要以普鲁士为榜样并向

* 威廉·尤尔特·格莱斯顿（1809—1898），英国政治家，曾四次出任英国首相。——译者注

其学习的地方。还有种族主义者指出，这是出生率不断下降的结果，他们呼吁净化因跨种族通婚而逐渐混杂的法兰西血脉。天主教徒则联想到索多玛和蛾摩拉*的恐怖罪孽。1873年，第一批朝圣者前往卢尔德†，人们谈论着圣女贞德和民族精神。福楼拜在他位于鲁昂附近的家中愤世嫉俗地哀叹道："巴黎还不如全部烧完，留下一片黑洞。法兰西已堕落至如此卑贱、如此羞耻、如此低俗的地步，我简直希望她彻底消失。"在到访巴黎后，他又补充道："比起尸体的腐臭，更让我恶心的是每个巴黎人口中散发出的自负的恶臭。满目疮痍的废墟，都无法与巴黎人那漫无边际的愚蠢相提并论。"[7]

然而，巴黎还是以惊人的速度恢复了，至少在表面上如此。很快，人们开始拆除街垒，修缮破损的鹅卵石道路，重建被烧毁的政府建筑——只有杜伊勒里宫仍是废墟，就像雪莱诗中奥兹曼斯迪亚斯‡的雕塑一样矗立在那儿，触目惊心地昭示着帝国曾经的浮华（直到1889年，杜伊勒里宫的残垣断壁才得以清除，改造为今天人们所看到的杜伊勒里花园）。城市西区的中产阶级居住区免于火灾的肆虐，相对而言也没怎么受到炮火的摧残，仅仅几

---

* 索多玛和蛾摩拉，《圣经》中提及的罪恶之都，居民生活淫乱，最终因罪孽深重而被毁灭。——译者注

† 卢尔德，法国西南部比利牛斯山脚下的小镇，是全法国最大的天主教朝圣地。——译者注

‡ 奥兹曼斯迪亚斯，古希腊语中对埃及法老拉美西斯二世的称呼。雪莱这首诗借助描述拉美西斯二世雕像以残缺不全的姿态屹立在沙漠中的场景，哀悼了历史上独领风骚的埃及文明的消逝。——译者注

周之后就恢复了往日常态。香榭丽舍大道的咖啡馆和餐厅中挤满了看热闹的外国旅行者，他们争先恐后地前来一睹所谓的“新庞贝”——这是一本借机迅速出版的旅行导览册《巴黎废墟之旅》（*A Travers les Ruines de Paris*）中的称呼。然而，很少有游客会深入感受蒙马特或贝尔维尔的凄惨景象：强制性的宵禁，警察强硬镇压那些维系着穷人日常生活的卖淫行当和酗酒恶习，冷寂的氛围笼罩着这群被征服的幸存者。这片区域的伤痕还要花上数十年去治愈，直到几乎一个世纪后，学生们在1968年的事件*中涌上街头时，这里的历史依然被生动地引述并纪念。

1875年，第三共和国宪法确立，法兰西历史开启了一个新的阶段。政治的稳定持续到1940年，直到德国人在纳粹的领导下再次占领巴黎。在向普鲁士支付的战争赔款比所有人预期中的更快、更轻松地还清后，贸易和就业率开始逐步回升。巴黎再次浸淫在欢愉之中。作为帝国掠夺的结果，加尼叶的豪华歌剧院（战争期间曾用作医院和补给站）在声色犬马之中盛大开幕，就像在本书开头看到的那样。雷诺阿的画作《林荫大道》（*Les grands boulevards*）作为当年最出色的印象派作品之一，展现了一幅阳光明媚的城市风景，仿佛紧张的政治氛围、冲突爆发的蛛丝马迹不复存在。到了1878年，世博会在战神广场上盛大开幕，展示着新潮的冰箱、电话和留声机的原型，吸引了来自世界各地的1300万

* 指1968年的巴黎“五月风暴”，一场学生罢课、工人罢工引领的社会运动，由欧洲战后的经济增长速度放缓引发的一系列社会问题导致。——译者注

名游客。正如亨利·詹姆斯写道："此刻的巴黎，至少在表面上和过去一样荣耀、繁华……仿佛她的上空从未出现过一片乌云。"[8]

下页图

寡居的欧仁妮皇后与身着伍尔维奇皇家军事学院制服的帝国王子拿破仑·欧仁身处奇斯尔赫斯特区的卡姆登广场花园之中，他们在英国流亡期间居住在肯特郡的郊区。

* * * * * *

尾声

奥斯曼的后代

那么，奥斯曼大改造的最终命运如何？从整体上来说，还是很乐观的。这些被改造的项目得到了维持和发展，至今依然塑造着巴黎中心区的主要形象。正如历史学家科林·琼斯所言："奥斯曼仿佛改变了城市发展的语法，以至于从此以后几乎很难再找到另一种语言。"[1]

在此后大约20年的时间里，奥斯曼的改造方式、原则和建筑类型依然是法国政府贯彻的正统，只是在此基础上做了微小的自由化改动，例如放宽屋顶的弧度，以及调整装饰物和阳台的风格特征。普鲁士的轰炸和巴黎公社的破坏对他的住宅建筑几乎没造成什么影响，尽管房地产投机比率的疯狂增长有所放缓，但这种风格的住宅数量在整个19世纪80年代依然持续增长（在1878—1888年巴黎建造的新建筑数量甚至是1860—1869年建造的3倍之多）。他的不少合作者都挺过了1870—1871年发生的灾难，并留任政府，继续发挥作用——比如阿尔方和贝尔格朗，正是他们完成了蒙苏里公园中的英式景观设计。1879年，加尼叶的歌剧院被赋予了一条没有树木遮挡的宏大景观通道，即今天的歌剧院大街；圣日耳曼大街也在1877年得到延长。哈斯拜耶大道建成于1907年，以他本人命名的奥斯曼大街直通位于黎塞留－德鲁奥地区的家乐福超市，但直到1925年才与意大利大道及蒙马特高地相连。甚至如历史学家弗朗索瓦·卢瓦耶尔所宣告的那样："可以说，奥斯曼大改造的巅峰直到他卸任之后才真正到来。"[2]

奥斯曼的全球影响更是如此。以这种巴黎式的优雅为蓝本，世界各地的首都都在复制第二帝国的城市建筑风格——伦敦维多利亚车站周边区域、布鲁塞尔的路易斯大街、布达佩斯的林荫大道等都是其中的代表性案例。墨尔本和布宜诺斯艾利斯的宫殿式宾馆的外立面设计完全是受到奥斯曼式宏伟建筑的启发。奥斯曼式的冷酷在美国也有所影响，严苛的罗伯特·摩西*在20世纪中叶的纽约“大搞破坏”，他无情地拆迁，并且大力推动高速公路建设项目，以此提供社会住宅，尽显对汽车文化的迷恋。

第一次世界大战后，法国的政治风向发生变化，以奥斯曼为代表的观念遭到了全面谴责，因为勒·柯布西耶提出了一种更为激进的新城市设计理念，将目光聚焦于高层塔楼、光洁的玻璃幕墙和架空的步行道上。尽管人们对现代主义的信仰并未持续太久，但这股热潮也让奥斯曼的巴黎显得落后。他勇敢开拓的那种两侧点缀着成排的路灯、咖啡馆和商店的林荫大道，已成为巴黎荣光的核心。然而，随着汽车时代的到来，交通的速度和目的被改变了，这些道路的长度和宽度开始显得不足，尤其是奥斯曼独断地坚持贯彻直线与直角的设计（从一开始人们就因此批评他），而非采用更柔和的曲线和更吸引人的不规则性构造。如今，这些道路

---

* 罗伯特·摩西（1888—1981），美国政客，曾长期担任纽约州的州务卿，一生中主导建设了大量城市公园、高速公路、公共建筑等建设工作，在美国城市发展史中发挥了重要作用。——译者注

下页图

由克里斯蒂安·德·包赞巴克设计的拉·维莱特音乐城、音乐厅以及艺术院校。这是自奥斯曼时代以来，巴黎的新发展浪潮中令人印象最深刻的元素之一。

被认为是实用主义的作品，是两点之间最便捷的通路，然而这些道路并不受人待见，就连道路两侧遍布的连锁商店，也不是无所事事的闲逛者或新潮前卫的年轻人经常光顾的地方。

如今，在美国和亚洲新兴城市景观的宏大规模的反衬下，人们开始以更矛盾的眼光看待第二帝国的巴黎——她被崇拜、被模仿而又令人感到遗憾。如埃里克·阿藏这样的左翼批评家，依然在哀叹奥斯曼式的理性精神——用坚不可摧的对称性摧毁人性化的有机城市，后者所蕴含的生命力、多样性和即兴性特征因此消失，取而代之的是假惺惺的公共空间开拓与绿化设施建设。[3]不过，阿藏也无法否认，巴黎那绵延的五层公寓楼经受住了时间的考验，并未变得残破——它们依然美丽优雅，依然风景如画，更

重要的是它们完美地融入了城市的肌理之中。没有任何政治团体曾要求拆除它们，也没有人真正在意它们：它们就存在于此，履行着自己的职责。[4]

今天，巴黎在发展愿景方面仍旧延续着奥斯曼式的思路。吉斯卡尔·德斯坦和密特朗时期的“宏大项目”，包括卢浮宫金字塔、奥赛博物馆、拉维莱特公园、阿拉伯世界研究中心、巴士底歌剧院、拉德芳斯凯旋门、财政部大厦以及国家图书馆，恰恰呼应了第二帝国为选民提供一系列奇观的雄心。此后，让·努维尔、克里斯蒂安·德·包赞巴克、伯纳德·屈米以及弗兰克·盖里等明星建筑师继续在巴黎城市景观的启发下，放手为首都的文化肌理做出更加豪华、奇特的建筑贡献。[5]

中央政府的脚步持续加快，而扩张的视野也势必会维持下去，这多亏了因其帝国式姿态而被戏称为“拿破仑四世”的埃马纽埃尔·马克龙总统的经济政策支持。自2014年以来，巴黎市长就由身为社会主义者的安妮·伊达尔戈担任：她并不缺少奥斯曼式的雄心，或是那种对于宏伟项目的品位。2016年1月，几乎是为了超越1860年将周边郊区并入巴黎范围的政策决定（这也许是第二帝国时期最大胆的市政工程），伊达尔戈批准扩大首都的边界，一夜之间就将巴黎的人口数量和土地面积增至3倍，他们傲慢地将其冠以“大巴黎都市圈”之名。近郊与郊区——社会学家克里斯托夫·吉吕定义的“法国式郊区”，始终是法国社会的主要问题，只

社会党成员、巴黎市长、奥斯曼的继任者安妮·伊达尔戈在奥赛博物馆（以19世纪法国艺术为主题的博物馆）之前的留影。

不过如今的反叛者不再是贝尔维尔的社会主义工人阶级，而是失业的第二代移民。

不过，就在本书的撰写过程中，一项建设法国“硅谷”的计划已经启动，巴黎也获得了2024年奥运会的举办权，还有正在建设中的“大巴黎快线”工程——一项预计在2030年完成的15年规划项目，将建设由4条新地铁线路构成的铁路网，通过总长200千米的铁道和68座车站将城市中心、郊区和机场连接起来，预计耗资230亿欧元。这样一个为大规模的人口流动以及交通运输而规划的未来愿景，若放在奥斯曼时代，不仅将进一步考验他的管理才能，或许也能让他的铁石心肠为之震颤。

注释

序言

1 *The Times*, 6 January 1875, p. 9.

2 Martine Kahane, *L'Ouverture du nouvel Opéra* (Paris, 1986), p. 7.

3 Ibid., p. 9.

4 David Harvey, 'Monument and Myth', *Annals of the Association of American Geographers* (September 1979), pp. 362–81.

第二章　路易·拿破仑与第二帝国

1 Jasper Ridley, *Napoleon III and Eugenie* (London, 1979), pp. 3–15.

2 Ibid., pp. 7–85, 114–26; J. M. Thompson, *Louis Napoleon and the Second Empire* (Oxford, 1965), pp. 114–26, pp. 193–202.

3 Philip Mansel, *Paris between Empires 1814–1852* (London, 2001), pp. 280–423.

4 Karl Marx, 'Eighteenth Brumaire of Louis Bonaparte', in Lewis Feuer (ed.), *Marx and Engels: Basic Writings* (London, 1969), p. 359.

5 Roger Price, *The French Second Empire* (Cambridge, 2001), pp. 95–134.

6 Matthew Truesdell, *Spectacular Politics* (Oxford, 1997), p. 47.

7 Alain Plesssis, *The Rise and Fall of the Second Empire* (Cambridge, 1988), p. 63.

8 Rupert Christiansen, *Paris Babylon* (London, 2003), pp. 17–37.

9 Truesdell, *Spectacular Politics*, pp. 63–7.

第三章　巴黎的问题

1 Anthony Sutcliffe, *The Autumn of Central Paris* (London, 1970), pp. 17–36.

2 Michel Carmona, *Haussmann* (Chicago, 2002), pp. 14–30; David P. Jordan, *Transforming Paris* (New York, 1995), pp. 41–54.

3 Georges-Eugène Haussmann, *Mémoires* (Paris, 1890), vol. 2, p. 11–12.

4 Quoted in Jordan, *Transforming Paris*,

p. 167.

5 Ibid., p. 224.

6 Ibid., pp. 170–5.

7 J. M. and Brian Chapman, *The Life and Times of Baron Haussmann* (London, 1957), pp. 77–8.

8 Truesdell, *Spectacular Politics*, pp. 89–90.

9 Carmona, *Haussmann*, pp. 281–307.

10 Jordan, *Transforming Paris*, pp. 199–202.

11 Ibid., pp. 286–90.

12 Sutcliffe, *The Autumn of Central Paris*, pp. 136–7.

13 Harvey, *Paris: Capital of Modernity*, pp. 117–24; Price, *The French Second Empire*, pp. 225–30.

14 Carmona, *Haussmann*, pp. 159–61.

15 François Loyer, Paris: *Nineteenth-century Architecture and Urbanism* (New York, 1988), pp. 252–9.

16 Ibid., pp. 213–21.

第四章　新巴比伦的奇迹

1 Carmona, *Haussmann*, pp. 227–9; Jordan, *Transforming Paris*, pp. 360–2.

2 T. J. Walsh, *Second Empire Opera* (London, 1981); J. F. Fulcher, *The Nation's Image* (Cambridge, 1987), passim.

3 Christopher Curtis Mead, *Charles Garnier's Paris Opéra* (Boston, Mass., 1992), p. 3.

4 Gérard Fontaine, *Palais Garnier* (Paris, 1999), pp. 49–71.

5 Richard Sennett, *The Fall of Public Man* (New York, 1977), p. 207.

6 Gérard Fontaine, *Charles Garnier's Opera: Architecture and Interior Décor* (Paris, 2004), passim.

7 Chapman and Chapman, *The Life and Times of Baron Haussmann*, pp. 85–9; *Carmona, Haussmann*, pp. 240–3.

8 Chapman and Chapman, *The Life and Times of Baron Haussmann*, pp. 194–8; Jordan, *Transforming Paris*, p. 278.

9 Georges-Eugène Haussmann, *Mémoire sur les eaux de Paris* (Paris, 1854), pp. 52–3.

10 Jordan, *Transforming Paris*, pp. 274–7; Carmona, *Haussmann*, pp. 303–4,

274–6 and 345–7.

11 Victor Hugo, *Les Misérables* (Paris, 1862), vol. 5.2, Ch. 1.

12 Quoted in Jordan, *Transforming Paris*, p. 276.

第五章　新巴比伦的欢愉

1 J. H. Froude, *The Life of Thomas Carlyle* (London, 1979), p. 161.

2 Amédée de Césena, *Le nouveau Paris* (Paris, 1864), p. 76.

3 Gustave Flaubert and George Sand, *The Correspondence* (London, 1993), pp. 207–9.

4 Chapman and Chapman, *The Life and Times of Baron Haussmann*, pp. 199–212.

5 Rupert Christiansen, *Paris Babylon* (London, 2003), pp. 4–7; Donald J. Olsen, *The City as a Work of Art* (London and New Haven, 1988), pp. 216–17.

6 Christiansen, *Paris Babylon*, p. 61.

7 Quoted in Christiansen, *Paris Babylon*, pp. 88–91.

8 Alain Corbin, *Women for Hire* (Cambridge, Mass., 1990), pp. 4–111.

9 Virginia Rounding, *Les Grandes Horizontales* (London, 2003), pp. 75–96, 175–94.

10 Quoted by Christiansen, *Paris Babylon*, p. 116.

11 Ibid.

12 Felix Whitehurst, *Court and Social Life in France under Napoleon the Third* (London, 1873), vol. 2, pp. 85–7.

13 Victor Fournel, *Paris nouveau et Paris futur* (Paris, 1865), pp. 21–2.

14 De Césena, *Le nouveau Paris*, pp. 1–11.

15 Jules Ferry, *Les Comptes fantastiques d'Haussmann* (Paris, 1867), p. x.

16 Quoted by Christopher Curtis Mead, *Charles Garnier's Paris Opéra*, p. 371.

17 Fournel, *Paris nouveau et Paris futur*, pp. 220–1.

18 Rebecca Solnit, *Wanderlust* (London, 2001), p. 211.

第六章　奥斯曼的倒台

1 Carmona, *Haussmann*, pp. 358–9.

2 Chapman and Chapman, *The Life*

and Times of Baron Haussmann, pp. 126–30.

3 Jules Ferry, *Les Comptes Fantastiques d'Haussmann*, passim.

4 Chapman and Chapman, *The Life and Times of Baron Haussmann*, pp. 213–41; Jordan, *Transforming Paris*, pp. 297–315.

5 Haussmann, *Mémoires*, pp. 556–7.

6 Carmona, *Haussmann*, pp. 340–82; Jordan, *Transforming Paris*, pp. 297–317; Willet Weeks, *The Man Who Made Paris Paris* (London, 1999), pp. 124–38.

7 Jordan, *Transforming Paris*, pp. 315–40.

8 Whitehurst, *Court and Social Life*, p. 286.

第七章　第二帝国的终结

1 Harvey, Paris: *Capital of Modernity*, p. 170.

2 Roger L. Williams, *Gaslight and Shadow* (New York, 1957), pp. 187–228.

3 David Herlihy, *Bicycle – The History* (London and New Haven, 2004), pp. 75–101.

4 Whitehurst, *Court and Social Life*, p. 169.

5 Michael Howard, *The Franco-Prussian War* (London, 2001), pp. 63–76.

6 Price, *The French Second Empire*, p. 409.

7 Ibid., pp. 428–32.

8 Christiansen, *Paris Babylon*, pp. 137–48.

9 Flaubert–Sand, *The Correspondence*, pp. 207–9.

10 Howard, *The Franco-Prussian War*, pp. 223–4.

11 Ivor Guest, *Napoleon III in England* (London, 1952), passim.

第八章　巴黎内战

1 Selection from George Eliot' s *Letters* (London and New Haven, 1985), p. 380.

2 Alistair Horne, *The Fall of Paris* (London, 2007), p. 288.

3 Ibid., pp. 304–5.

4 John Merriman, *Massacre: The Life and Death of the Paris Commune of 1871* (New Haven and London, 2014), pp. 18–145; Horne, *The Fall of Paris* , pp. 21–300 ; Christiansen, *Paris Babylon*, pp. 167–266.

5 Merriman, *Massacre*, pp. 146–224; Christiansen, *Paris Babylon*, pp. 267–95.

6 Merriman, pp. 189–240; Robert Tombs, *The Paris Commune* (London, 1999), passim.

7 Flaubert–Sand, *The Correspondence*, p. 177.

8 Quoted by B. S. Shapiro, *Pleasures of Paris* (Boston, 1991), p. 12; see also Daniel Halévy, *The End of the Notables* (Middleton, Conn., 1974), passim; and Denis W. Brogan, *The Development of Modern France* (London, 1967), pp. 77–126.

尾声

1 Colin Jones, Paris: *The Biography of a City* (London, 2004), p. 332.

2 Loyer, *Paris: Nineteenth Century*, p. 373.

3 Eric Hazan, *The Invention of Paris* (London, 2011), pp. x–xi.

4 Jones, Paris: *The Biography of a City*, pp. 426–63.

5 Ibid., pp. 465–74.

致谢

我要由衷感谢伦敦图书馆那些善良友好、不知疲倦的工作人员。感谢与我合作35年的代理人卡洛琳·道内和她的副手索菲·斯卡德。感谢为我带来诸多帮助的、宙斯之首出版公司的工作人员理查德·米尔班克、乔治娜·布莱克韦尔以及凯瑟琳·汉利。最重要的是，还要感谢我的大后方——埃利斯·伍德曼。

图片来源

扉页后 Joe Vogan / Alamy Stock Photo;
p. 3 Everett Collection / Bridgeman Images;
pp. 4–5 Private Collection / Bridgeman Images;
pp. 10–11 Keystone-France / GammaKeystone / Getty Images;
p. 17 The Print Collector / Print Collector / Getty Images;
p. 21 akg-images / François Guénet;
p. 25 Time Life Pictures / Mansell / The LIFE Picture Collection / Getty Images;
pp. 28–29 Musée de la Ville de Paris / Musée Carnavalet, Paris, France / Bridgeman Images;
p. 32 Roger Viollet Collection / Getty Images;
p. 37 Roger Viollet / Topfoto;
pp. 56–57 Roger Viollet / Getty Images;
pp. 60–61 Roger Viollet / Topfoto;
p. 64 L.p. Phot for Alinari / Alinari via Getty Images;
p. 70 Hulton Archive / Getty Images;
p. 75 © Beaux-Arts de Paris, Dist. RMNGrand Palais / image Beaux-arts de Paris;
pp. 86–87 Roger Viollet / Topfoto;
p. 89 Archive Photos / Getty Images;
pp. 96–97 © Musée d'Orsay, Dist. RMN-Grand Palais / Patrice Schmidt;
p. 101 Roger Viollet / Topfoto;
pp. 104–105 Roger Viollet / Getty Images;
p. 111 Paul Fearn / Alamy Stock Photo;
p. 119 Roger Viollet / Topfoto;
p. 133 Topfoto.co.uk;
p. 135 Granger Images / Bridgeman Images;
pp. 138–139 De Agostini Picture Library / Bridgeman Images;
p. 144 Hulton Archive / Getty Images;
p. 152 Nadar / Hulton Archive / Getty Images;
pp. 158–159 Keystone-France / GammaKeystone via Getty Images;
pp. 170–171 Christophel Fine Art / UIG via Getty Images;
pp. 176–177 allOver images / Alamy Stock Photo;
p. 178 Fred Dufour / AFP / Getty Images.

译名对照表

人名

A

阿道夫·门采尔 Adolph Menzel

阿道夫·梯也尔 Adolphe Thiers

阿尔方斯·德·拉马丁 Alphonse de Lamartine

阿尔弗雷德·德·缪塞 Alfred de Musset

阿尔弗雷德·德雷福斯 Alfred Dreyfus

阿里斯蒂德·布西科 Aristide Boucicaut

阿梅代·德·塞西拿 Amédée de Césena

埃里克·阿藏 Eric Hazan

埃马纽埃尔·马克龙 Emmanuel Macron

埃米尔·奥利维耶 Emile Ollivier

埃米尔·佩雷尔、艾萨克·佩雷尔 Emile and Isaac Péreire

埃丝舍尔·拉赫曼，拉帕瓦夫人 La Paiva, Esther Lachmann

爱德华·鲍沃尔一李敦 Edward Bulwer-Lytton

爱德华·马奈 Edouard Manet

爱弥尔·左拉 Émile Zola

安东尼·萨特克利夫 Anthony Sutcliffe

安妮·伊达尔戈 Anne Hidalgo

奥坦丝·德·博阿尔内 Hortense de Beauharnais

奥托·冯·俾斯麦 Otto von Bismarck

B

巴赞将军 Field Marshal François Bazaine

伯纳德·屈米 Bernard Tschumi

C

查尔斯·加尼叶 Charles Garnier

查理十世 King Charles X

D

大卫·H. 斯通 David H. Stone

大卫·哈维 David Harvey

戴维·P. 若尔丹 David P. Jordan

迪斯雷利 Disraeli

帝国王子，路易·拿破仑 Prince

Imperial Louis Napoléon
多维克·哈莱维 Ludovic Halévy

E
E. T. A. 霍夫曼 E. T. A. Hoffmann

F
法妮一瓦伦汀·奥斯曼 Fanny-Valentine Haussmann
费利克斯·怀特赫斯特 Felix Whitehurst
费利切·奥尔西尼 Felice Orsini
弗兰克·盖里 Frank Gehry
弗朗索瓦·卢瓦耶尔 François Loyer

G
龚古尔兄弟 Goncourt brothers
古斯塔夫·埃菲尔 Gustave Eiffe
古斯塔夫·福楼拜 Gustave Flaubert
古斯塔夫·库尔贝 Gustave Courbet

H
哈丽雅特·霍华德 Harriet Howard
亨利·谢弗罗 Henri Chevreau
亨利·詹姆斯 Henry James
霍亨索伦 Hohenzollern

J
吉多·亨克尔·冯·唐纳斯马克 Guido Henckel von Donnersmarck
吉斯卡尔·德斯坦 Giscard d’Estaing
加布里埃尔·达维乌 Gabriel Davioud
加斯通·勒鲁 Gaston Leroux

K
卡尔·马克思 Karl Marx
卡斯蒂廖内女伯爵 Comtesse de Castiglione
康巴塞雷斯公爵 due de Cambacérès
科林·琼斯 Colin Jones
克劳德·圣西门 Claude Saint-Simon
克里斯蒂安·德·包赞巴克 Christian de Portzamparc
克里斯汀·尼尔森 Christine Nilsson
克里斯托夫·吉吕 Christophe Guilluy
克里斯托弗·雷恩爵士 Sir Christopher Wren

L
“路路” Loulou
拉莫 Jean-Philippe Rameau
莱昂·埃斯库迪尔 Léon Escudier
朗布托伯爵 Comte de Rambuteau

勒·柯布西耶 Le Corbusier
雷诺阿 Pierre-Auguste Renoir
理查德·桑内特 Richard Sennett
丽贝卡·索尔尼特 Rebecca Solnit
利戈里奥 Pirro Ligorio
卢多维奇·阿莱维 Ludovic Halévy
路易·维约 Louis Veuillot
路易·拿破仑，拿破仑三世 Louis Napoléon III
路易一菲利普一世 King Louis-Philippe I
路易十八 King Louis XVIII
路易十六 King Louis XVI
路易十四 King Louis XIV
路易十五 King Louis XV
路易丝·米歇尔 Louise Michel
罗伯斯庇尔 Maximilien Robespierre
罗伯特·摩西 Robert Moses
罗西尼 Gioachino Rossini
吕利 Jean-Baptiste Lully

M

马克西米利安 Maximilian
马克西姆·杜·坎普 Maxime du Camp
玛蒂尔德·波拿巴 Mathilde Bonaparte
玛丽·安托瓦内特 Marie Antoinette
麦克马洪将军 Field Marshal Patrice MacMahon
梅耶贝尔 Giacomo Meyerbeer
密特朗 François Mitterrand

N

拿破仑·欧仁·路易·让·约瑟夫 Napoléon Eugène Louis Jean Joseph
拿破仑一世 Napoléon I

O

欧内斯特·勒南 Ernest Renan
欧仁·贝尔格朗 Eugène Belgrand
欧仁·德尚 Eugène Deschamps
欧仁·维奥莱一勒一迪克 Eugèn Viollet-le-Duc

P

帕克斯顿爵士 Sir Joseph Paxton
派埃米尔·奥利维耶 Emile Ollivier
皮埃尔·波拿巴亲王 Prince Pierre Bonaparte
皮埃尔·米肖 Pierre Michaux
普鲁士国王，威廉一世 King of Prussia Wilhelm I

Q

乔治·艾略特 George Eliot

乔治·桑 George Sand

乔治一欧仁·奥斯曼 Baron Georges-Eugène Haussmann

R

让·努维尔 Jean Nouvel

让一巴 普蒂斯特·卡尔波 Jean-Baptiste Carpeaux

让一保尔·马拉 Jean-Paul Marat

让一查尔斯·阿尔方 Jean-Charles Alphand

让一雅克·贝尔热 Jean-Jacques Berger

热拉尔·方丹 Gérard Fontaine

儒勒·法夫尔 Jules Favre

S

塞维涅夫人 Madame de Sévigné

沙皇亚历山大二世 Tsar Alexander II

莎拉·伯恩哈特 Sarah Bernhardt

圣女贞德 Joan of Arc

圣日内维耶 St Geneviève

T

特罗胥将军 General Louis-Jules Trochu

托尔夸托·塔索 Torquato Tasso

托马斯·卡莱尔 Thomas Carlyle

托尼·莫林 Tony Moilin

W

威廉·吉布森 William Gibson

威廉·尤尔特·格莱斯顿 William Ewart Gladstone

维多利亚女王 Queen Victoria

维克多·德·佩尔西尼 Victor de Persigny

维克多·杜卢伊 Victor Duruy

维克多·雨果 Victor Hugo

维克托·巴尔塔 Victor Baltard

维克托·富尔内尔 Victor Fournel

维克托·路易 Victor Louis

维克托·努瓦尔 Victor Noir

X

夏尔·波德莱尔 Charles Baudelaire

夏绿蒂·科黛 Charlotte Corday

Y

雅克·朗克坦 Jacques Lanquetin

伊波利特·丹纳 Hippolyte Taine

尤利乌斯·恺撒 Julius Caesar

约翰·纳西 John Nash

Z

朱尔·费里 Jules Ferry

朱塞佩·威尔第 Giuseppe Verdi

地名、建筑名

A

阿尔萨斯 Alsace

阿尼埃尔 Asnières

阿斯科特 Ascot

阿雅克肖 Ajaccio

埃普索姆 Epsom

奥伯街 Rue Auber

奥尔良门 Porte d'Orléans

奥古斯特·孔德街 Rue Auguste-Comte

奥赛博物馆 Musée d'Orsay

奥赛码头 squai d'orsay

奥斯曼大道 Boulevard Haussmann

奥特伊 Auteuil

B

巴德埃姆斯 Bad Ems

巴蒂诺尔一蒙索 Batignolles-Monceau

巴黎北站 Gare du Nord

巴黎大酒店（卡普辛大街）Grand Hôtel, Boulevard des Capucines

巴黎古监狱（西岱岛）Conciergerie, Île de la Cité

巴黎圣母院 Notre-Dame

巴黎喜剧院 Bouffes-Parisiens

巴士底广场 Place de la Bastille

巴斯蒂亚 Bastia

巴特一肖蒙 Buttes-Chaumont

贝尔维尔 Belleville

贝尔西 Bercy

博蒙 Beaumont

博特尼湾 Botany Bay

布鲁克伍德 Brookwood

布鲁克伍德公墓（沃金镇）Brookwood Cemetery, Woking

布洛涅森林 Bois de Boulogne

D

蒂沃利 Tivoli

杜伊勒里宫 Tuileries Palace

杜伊斯河 River Dhuys

兑换桥 Pont au Change

多维尔 Deauville

F

凡尔赛宫 Palace of Versailles

凡仙森林 Bois de Vincennes
弗里德兰大街 Avenue friedland
弗罗埃斯克维莱 Fröschwiller
福克斯顿 Folkestone
福煦大街 Avenue de l'Impératrice

G

歌剧院大街 Avenue de l'Opéra
歌剧院图书馆 Bibliothèque de l'Opéra
格拉韦洛特 Gravelotte
格勒纳勒大道 Boulevard de Grenelles
格勒奈尔 Grenelle
工业宫 Palais de l'Industrie
共和国广场 Place de la République
贡比涅城堡 Palais de Compiègne

H

海德公园（伦敦）Hyde Park, London
皇家宫殿 Palais Royal

J

加莱宾馆 Hôtel de Calais
加尼叶歌剧院 Opéra Garnier

K

卡鲁索广场 Place du Carrousel
卡姆登广场（肯特郡奇斯尔赫斯特）Kent Chislehurst, Camden Place
卡纳瓦莱博物馆 Musée Carnavalet
卡普辛大道 Boulevard des Capucines
凯旋门 Arc de Triomphe
库尔布瓦 Courbevoie

L

哈斯拜耶大道 Boulevard Raspail
拉维莱特 La Villette
拉夏贝尔 La Chapelle
拉雪兹神父公墓 Père Lachaise Cemetery
朗布托街 Rue Rambuteau
勒佩尔蒂埃剧院 Salle Le Peletier
雷阿尔区 Les Halles
雷恩街 Rue de Rennes
黎塞留－德鲁奥地区的家乐福超市 Carrefour Richelieu-Drouot
里沃利街 Rue de Rivoli
林荫大道（布达佩斯）Grand Boulevard, Budapest
隆尚 Longchamp
隆尚赛马场 Longchamp Racecourse
卢尔德 Lourdes
卢浮宫 the Louvre

卢浮宫金字塔 Louvre Pyramid
卢森堡公园 Jardin du Luxembourg
鲁贝尔提耶街 Rue Le Peletier
路易斯大街（布鲁塞尔）Avenue Louise, Brussels
洛林 Lorraine

M
马恩河 River Marne
马勒塞尔布大道 Boulevard Malesherbes
马扎斯监狱 Mazas Prison
玛德琳教堂 La Madeleine
玛黑区 Le Marais
梅茨 Metz
梅里 Méry-sur-Oise
梅尼蒙当 Ménilmontant
蒙马特 Montmartre
蒙马特公墓 Montmartre Cemetery
蒙帕纳斯车站 Gare de Montparnasse
蒙帕纳斯大道 Boulevard Montparnasse
蒙帕纳斯公墓 Montparnasse cemetery
蒙帕纳斯区 Montparnasse
蒙苏里公园 Parc Montsouris
蒙梭公园 Parc Monceau
蒙西尼街 Rue Monsigny
庙宇广场 Square du Temple
莫里斯酒店 Hôtel Meurice
穆浮塔街 Rue Mouffetard

P
帕西 Passy

Q
奇斯尔赫斯特 Chislehurst

R
荣军院 Invalides

S
萨尔布吕肯 Saarbrucken
塞夫勒街 Rue de Sèvres
塞纳河 River Seine
塞瓦斯托波尔大道 Boulevard de Sébastopol
色当 Sedan
沙罗纳 Charonne
尚皮尼翁街 Rue Champignon
圣安托万街 Rue Saint Antoine
圣奥古斯丁教堂 Saint-Augustin
圣奥诺雷街 Rue du faubourg-st-honoré
圣丹尼街 Rue Saint-Denis
圣拉扎尔车站 Gare St Lazare

圣礼拜堂 Sainte-Chapelle
圣马丁广场 Carré Saint Martin
圣米歇尔大道 Boulevard Saint-Michel
圣米歇尔桥 Pont Saint-Michel
圣日耳曼大道 Boulevard Saint-Germain
圣心堂 Sacré-Cœur Basilica
圣叙尔皮斯 Saint-Sulpice
圣雅克塔 Tour St Jacques
水晶宫（伦敦）Crystal Palace, London
斯皮舍朗 Spicheren
斯特拉斯堡大道 Boulevard de Strasbourg

T

特伦特河畔斯托克市 Stoke-on-Trent
图尔比戈街 Rue Turbigo

W

瓦兹河畔的梅里 Méry-sur-Oise
瓦兹区 Oise region
万神殿 Panthéon
旺多姆广场 Place Vendôme
维多利亚车站（伦敦）Victoria station, London
维桑堡 Wissembourg
沃吉拉尔 Vaugirard
沃吉拉尔街 Rue du Vaugirard

X

西比尔神庙 Temple of the Sibyl
西岱岛 Île de la Cité
夏特雷广场 Place du Châtelet
香榭丽舍大道 Avenue des Champs Elysées
协和广场 Place de la Concorde
谢纳街 Rue de Chêne
新喀里多尼亚 New Caledonia
新卡普辛大街 Rue Neuve des Capucines
星形广场 Place de l'Etoile

Y

意大利大道 Boulevard des Italiens
英吉利海峡群岛 Channel Islands

Z

战神广场 Champ de Mars

专有名词

“巴黎公社社员墙” Mur des Fédérés
“保姆房” Chambres de Bonne
“慈善工作室” Ateliers de Charité
“大巴黎快线” 工程 Grand Paris

Express
"大交叉路口" la Grande Croisée
"工人城市" Cités Ouvrières
"汽油女" Pétroleuses
"小波兰" La Petite Pologne
"壮游" Grand Tour
巴黎公社 Paris Commune
巴黎喜剧院 Théâtre des Bouffes-Parisiens
包税人 Fermiers-Généraux
包税人城墙 Fermiers-Généraux wall
波尔多歌剧院 Grand Théâtre de Bordeaux
波拿巴王朝 Bonaparte dynasty
城堡咖啡 L'Alcazar (café)
德意志帝国 German Reich
第二次世界大战 Second World War
第二帝国 Second Empire
第三共和国宪法 Third Republic Constitution
动产信贷银行 Crédit Mobilier
二月革命 February Revolution
法国大革命 French Revolution
法兰西第二共和国 Second Republic, of France
凡尔赛条约 Treaty of Versailles
国民信托组织 National Trust
国民自卫军 Garde Nationale
哈瓦斯 Havas
皇家音乐学院 Académie Royale de Musique
霍亨索伦王朝 Hohenzollern Dynasty
克虏伯大炮 Krupp Cannon
乐蓬马歇百货 Le bon Marché
伦敦世博会 Great Exhibition, London
马德拉 Madeira
普法战争 Franco-Prussian War
萨多瓦战役 Battle of Sadowa
托尔托尼咖啡厅 Tortoni (café)
英国佬咖啡厅 Café Anglais
自由贸易协定 Free Trade Treaty
祖鲁战争 Zulu Wars

里程碑文库

The Landmark Library

“里程碑文库”是由英国知名独立出版社宙斯之首（Head of Zeus）于2014年发起的大型出版项目，邀请全球人文社科领域的顶尖学者创作，撷取人类文明长河中的一项项不朽成就，以“大家小书”的形式，深挖其背后的社会、人文、历史背景，并串联起影响、造就其里程碑地位的人物与事件。

2018年，中国新生代出版品牌“未读”（UnRead）成为该项目的“东方合伙人”。除独家全系引进外，“未读”还与亚洲知名出版机构、中国国内原创作者合作，策划出版了一系列东方文明主题的图书加入文库，并同时向海外推广，使“里程碑文库”更具全球视野，成为一个真正意义上的开放互动性出版项目。

在打造这套文库的过程中，我们刻意打破了时空的限制，把古今中外不同领域、不同方向、不同主题的图书放到了一起。在兼顾知识性与趣味性的同时，也为喜欢此类图书的读者提供了一份“按图索骥”的指南。

作为读者，你可以把每一本书看作一个人类文明之旅的坐标点，每一个目的地，都有一位博学多才的讲述者在等你一起畅谈。

如果你愿意，也可以将它们视为被打乱的拼图。随着每一辑新书的推出，你将获得越来越多的拼图块，最终根据自身的阅读喜好，拼合出一幅完全属于自己的知识版图。

我们也很希望获得来自你的兴趣主题的建议，说不定它们正在或将在我们的出版计划之中。

里程碑文库编委会